人的哲学镜像

陈光 著

目录

序言　人的精神崇高而神圣　　1
自序　　7

兽性

第一章　邪淫 / 2

一、禁欲主义应由个人取决 / 3

二、纵欲主义则应自觉拒斥 / 6

三、合理的态度应该是什么 / 9

第二章　侵略 / 25

一、从人性角度透析侵华日军 / 25

1. 恐惧感 / 26
2. 虚荣心 / 28
3. 性心理 / 30

二、从否认罪行审视卑劣邪恶 / 32

三、日军屠杀较之纳粹屠杀残忍万倍 / 50

1. 暴行手段不同 / 51
2. 实施方式不同 / 53
3. 残虐程度不同 / 55

人性

第三章　文字 / 62

一、从外来看：文字承载的侧重 / 63

1. 汉字的人格生命 / 63
2. 汉字的灵性归结 / 67

二、从内而观：文言、白话的再辨 / 71

第四章　求知 / 83

一、"知"的层次 / 83

二、"知"的路向 / 86

1. 知识主要作用于客观世界，智慧首要作用于自我更新 / 88
2. "一无所知"未必愚痴，"无所不知"未必智慧 / 89
3. 知识有新旧，而智慧无古今 / 91

三、"智"产生的三基点 / 93

序言

人的精神崇高而神圣

韩秀琪

这是一次对人性及人类精神世界进行"知行合一"的探索之旅,也是身处时代之上,对人之本性进行哲学思考的文化漫步。从"天上观"到"天下观"所涉的诸问题,本书作者进行了多角度、多层次的缕析,虽是一家之言,却含众家精端,其哲思之彻、解析之锐,直取人心,使人心悟精微。

从此世界到彼世界,从人的兽性、人性到神性,从文字、文化到宗教,书中涉域颇多;从良知、慈悲到智慧与心灵,而至人心至美之构建,所言所论,承接前贤于精,针对现实有据,而课题之细、问题之需,寓大境界、大时空在其中,令人耳目一新。

书中作者通彻而明达思辨的文字随处可见,比如作者写道:

"'出离'在根本的意义上是向内的,也就是指向'无我'。因为只有'无我',才能在凡俗尘世中'百花丛里过,片叶不沾身';而也只有'无我',才能在名缰利锁中'大千世界内,一个自由身',才能具有'禅心已作沾泥絮,不逐春风上下狂'的定力以及'风送水声来枕畔,月移花影上纱窗'的心境。"

如此美妙哲思娓娓道来,仿佛引领我们从青藏高原三江源头一路观赏长江蜿蜒而下山川,壮丽美景竞生,观照中华民族文化命脉那些对人性光彩夺目的哲思。

书中不断深入的发问随处可见,而这由浅入深的发问则仿佛是载我们向真知前行的航行之舟,随时代激流乘风破浪,而在这舟上则留下了作者这位年轻探索者的身心体悟和真切心声。

作者讲道:"虽然人们思想中的超世间观念是人的神圣性体现,古往今来不少真修行人也均通过虔信体悟的方式而达致精神无限的崇高;但也要看到,这样的境界对于个人人生言诚然是恢宏的,但一个人由宗教确信而习养的宏远境界很难带动人类全体都依此而行……因为就一个社会乃至就整体人类言,'脚踏实地'实比'仰望星空'要更易有共点,也更易生共鸣。"

作者进而讲道:"作为生命之学的儒家学说,诚然注重'生'的层面,但其也并未将'死'作为'生'的对立面,而是在人生理生命的基础上,指出人还有道德生命,认为生理生命的尺度可以通过道德生命而延存;同时道德生命的境界又能通过反求诸己而致远。总之,人的生理生命可能已'一潭死寂',但人的道德生命仍能'生机盎然'。"

作者指出儒家在作为人生根本的"生""死"问题上,在道德意义上是统一的,指出:"(儒家)'天下观'自源头起就使人抱有一种我与天下同感怀的责任感。'天视自我民视,天听自我民听',天心在很大程度上就是民心,民心所在即天意所指。"应该说,哲理的文字仿佛是在弹奏着一曲承接中华大地人文意域"明德于天下"的交响曲,剖析之精致入微、引申之真切入理,实在引人渐入佳境。

而作者在书中的叙述方式也融通了情理与道理,深开了对中华文化大视野、大时空、大宇宙观下的理论思考。作者讲道:"(真正的儒家)崇尚道德完全是因为自己的选择,而不去追问有无来世,亦不挂怀有无神明,只是满腔子的天下苍生、满腔子的礼义廉耻,不问苦从何来,只求俯仰无愧,不问来世果报,只求当下济困。"其哲思寓于深入浅出的生动表述中,而学术性则契合汉文字所独具的韵味,语一境界,言一妙成,不论是举前人之警语,抑或是流自我之真言,新意皆呈承传融合之精妙。

整体来看，作者在"兽性"这一部分直接鞭笞了侵华日军毫无人性，叙述史实的目的正是警醒人类在将来不要再经受由兽性残暴引发的人为灾难，警醒人们要警惕军国思想的沉渣泛起。

作者在"人性"部分讲求知，说明了今天人们在"知"的路向上所存的某些"偏差"，指出"知"至少可以分为几个层次，即无意义的"知"、生活性的"知"、常识性的"知"、知识性的"知"和创新性的"知"，认为："即便是创新性的知识也未必是应追寻的智慧，因为人类是否能够承载起其自身所创的科技世界，就目前来看，问题是很多的，至于其他的'知'，我们则更应严谨判别"。而"如果广大青年都把精力放在某某小品的演员是谁等无用之'知'上，岂不是害人不浅吗？媒体作为风向的先导，如果把青年人的眼球都牵引到这种无意义的'知'路上去，岂不是误人子弟吗？以知道'假知'为自满，以停留'平面'为得计，显然不能撑持起科技、人文的进步来。"

作者写道："不仅要能求索知识，同时也要反思知识，并在反思的基础上再升华知识，孕育智慧，如此才是超越庸常的智慧而非作茧自缚的盲知。"为此，作者在书中提出了"转识成智"的三个关键基点，也就是人的平常心、清静心和慈悲心的修持、养成。可以说，作者在这里所提到的"三心"，是对人性进行道德升华的基础，也是成就精神崇高的关键，为接下来进一步阐述"良知"和"慈悲"进行了铺垫。

作者在最后一部分写道："'良知'和'慈悲'都不是某国家、某学派或某宗教的思想，其更是全世界、全人类、全人心共有的脊梁。"当书中在比较儒家"天下观"与宗教"天上观"时，我们不难看到作为中华文化根脉的"天人合一"的思想境界之深邃，不难发现当人类在以自己的所为破坏生态环境时，"天下"何可安、"天上"岂可在？同时也许还有许多我们没有意识到的天下之大危和人类之大害正威胁着我们的地球家园。由此，唯有"良知"和"慈悲"的崇高精神，才是使人类能少在欲望的驱使下犯下罪愆的心灵之桥。

总之，人类离不开"天人合一"的真如大道，书中的哲思命题，以高清像素向人类展示了精神崇高的力量，人们需要这种关乎人类命运的哲学思考。本书作者为读者打开了让心灵一识其崇高的窗帘，而人精神的崇高，在历史上曾经光照了中华文明辉煌的盛世时代，在今天全球化、信息化的时代也必会带来新的辉煌。

自序

本书取名《人的哲学镜像》，先来谈"人"。本书的研究对象是"人"，在逻辑层构上对人做兽性、人性和神性三分，从人的原始性进而谈人的进化性，再进至人的崇高性，希冀通过由低到高的位阶，而分析出人的成像架构。

再来谈"哲学"。需要说的是什么是"哲学"，可以说这个问题是没有定式答案的，同时也不能、不应有静态的答案，因为在思想之域中，凡有所"程式"就会有所"制限"，而有所"制限"就自然有所束缚，即使思想能在辽阔的草原上带着缰绳奔跑，也不如在自由的境界中天马行空。如果偏要对"哲学"做一定义的理解的话，哲学姑可理解为对根本问题的根本思考。而须说明的是，这两处的"根本"是绝无纯态、客观的标准来规定什么是"根本"的，不能妄自划条人为之界来说这个问题是"根本"、那个问题是"枝叶"或这个向度是"哲"思、那个向度是"假"想,恐怕都不能这么说。应该认为,哲学研究的精致与否绝非看僵死教条的遵循与否,而应是看思想旨归的恰确与否。哲学,应走出对问题深入深出、空泛无归和名词堆砌的学究进路,而应达致对问题深入浅出、求真务实和返本开新的思想建构。哲学诚然不能浅薄化,但也不能僵式化,不能在概念的重重叠构中使人望而却步、在逻辑的步步阻隔中使人止步不前。哲学还是应以"问题"为导向、以"底里"为归处的,既可以有世界视野的宏泛,也可以是一家之言的秉持;既可以显逻辑乐音的韵律,也可以是天马行空的跃迁,没有什么一成不变的僵式可言,只要是对某一问题做一求真的"反思",都可称为哲学的视域。

进而谈"镜像"。之所以取名为"镜像",是希望本书能像一面镜子,通过对"人"的解读,映现出人性的全貌和人生的全景,在阐述人性的本然是什么的基础上阐明人生的期然在何处,因为只有心灵有所依归,人生才算完整,才能进而看到人心山水的清明之景。而正如古人在述《儒林外史》一书时言到,"读之者无论是何人品,无不可取以自镜"[1],都可以拿来反躬自省。本书亦期望

---

[1] 闲斋老人《儒林外史》序,齐鲁书社,2003年版,第1页。

如此，能帮助人实现从观书"自镜"到扪心"自警"的升华。当然客观上可能距此目标还较远，但主观上愿为此目标而努力，我们共勉。

而在关乎本书上，还须着重说明如下几方面：

1.在问题缘起上，需要先述的是，我们之所以对人进行一种追问，是因为这是我们人类对万物的第一原初力、第一金手指到底是什么这样根本问题的追问所引出的问题，同时对"人"本身的追问也是鞭策人类要向往崇高而不是自私沉沦的一个关键的向度。

应该说，我们人类生存于宇宙中，其宏广无边、博大精深而无穷，一切都那么有秩序、有条理，虽然也有陨石碰撞、恒星塌缩等现象出现，但其中亦有自身待解的规律，而宇宙的这种规律性也就自然会让人们去思考宇宙自身有无生命的问题。而对于这个问题，我们可先做一种假设，也就是先假设宇宙没有生命，如此久远的万物运化都只是偶然下的缘生之物，人类也只是偶存于其中，随时都面临灭绝的危险。那么我们就有必要思考下一个问题，也就是如何通过我们人类后天的努力来使万物更相和谐、共存更长远、更对得起我们来之不易的此下生命，进而通过有限的生命来实现文明的永恒。须注意到的一点是，现今科学也已证明了，人的念力也就是精神是可以影响物质的。念力有能量，源头为自身，发出也会回到源头。念头善，万物将回以欢喜；念头恶，对方亦会回以冷绝。因此，如何实现人性的升华而不是沉沦来确保人们的心念是正的而不是邪的，是在宇宙没有生命这一预设下我们应思考的重要问题。

但是，应当说的是，宇宙是必有其自身的生命的，因为没有生命的死寂不可能蕴蓄那么多的生机，地球上的生命体也极少可能以纯偶然的概率而生存于其中那么久。仅从此一点来看，宇宙自身在可能性占比上即是有其生命的。既然认定了宇宙有其生命，那么就自然引申出了下一个问题，即人的出现是必然的还是偶然的。人，究竟是在宇宙生命中由偶然交织成的产物，还是在某种意志下所必然演化出的存在呢？若是前者，我们追求"崇高"，正如我们假设宇宙没有生命那般，那将是我们对自身生命的尊重；而如果是后者，有某种我们至今还不能完全解证的神圣力量存在，那么通过如此多年人类发展中的大善与大恶、大是与大非，那种神圣的力量也一定想让我们能明白些什么，而我们也更应在神圣意志的指引下，向往崇高而不是流于恶俗，广爱于物而不是堕于自私。

所以，由此也就不难看出，无论做何假设，也无论宇宙实相为何，人都应自觉地净化、深化和转化自己的生命。当然，对以上问题的不同看法也就造成了"有神"和"无神"的基本分野，但我们需要看到的是，两极对立的思维方式无利于世界人心的道德拔节，也无利于矛盾冲突的消融化解，我们要思考有没有一个能使"相对性"与"绝对性"并存的更为平和的态度。对此，应该说是有的，一个更合理的态度就是我们不去执着这个问题，只是单纯反求诸己，无论宇宙的实相为何，人类都应将反躬自省作为此下生命的关注点，况且宇宙是必有其自身的生命的，人类不应无知、无耻到妄自尊大的程度，由此即需要我们对"人"的一种觉醒和一种反思。

2.在基本态度上，须阐明的是，人在一定意义上是兽性、人性和神性共存的存在，即集善恶共存的存在。但我们看恶，并不是为了仅在客观上去描述恶，而是为了能将人类导以善；我们虽然将"恶"称为"兽性"，但却绝没有贬低动物的意思，只是在将人的那种原始野性统称为"兽"。同时之所以不称其为"魔"，是因为"兽"是可以驯顺的，而"魔"是不能感化的；"兽"是可通人情的，而"魔"是难以拔节的。由此，我们坚信人是可以变得更好的，所以就用"兽"字指代人的狂野欲。而从严格的意义上看，还须进一步澄明的是，动物与人类不同，在动物的世界中，是不能以是非善恶的标准来简单评判其所为的，因为动物无自觉，而人类则不同，人类有良知，道德的视域可着眼于人类但不能强加于动物，道德的期许可寄托于社会但不能强加于自然，"动物"和"自然"在很大程度上都是无善无恶乃至于可说是超越善恶的。而也正是由此，我们须看到冯友兰先生所提出的"人生四境界说"[1]是有须澄清的地方的。

一来是不能将"境界"用于人的恶行。有些人一生犯下大恶，"境界"一词显然高估了其恶行，正像抗日战争时期侵华日军在中华大地上所犯下的南京大屠杀，七三一部队以及在其所过之处犯下的烧、杀、淫、掠等，诚然不是什么"自然境界"或"功利境界"，而是与"境界"有着霄壤云泥之别的"魔性"，在这方面也正如泰戈尔先生在诗中所说——"当人是兽时，他比兽还坏"。应该认为，动物界中食肉动物捕猎与人类猎杀动物虽然都导致无辜生命的死亡，但两者截然不能并论，动物捕食均是出于最基本的生存所需，而人类猎杀则往往有无廉耻的贪婪作祟，大多只是出于商业牟利的需要，较动物们的单纯谋生而言，人类

---

[1] 冯友兰先生认为，人做各种事的各种意义合成一整体就构成了人的人生境界，从低到高，可以分为自然境界、功利境界、道德境界和天地境界。

复杂已不知繁几。所以,正如民国时期军事家蒋百里先生所说:"我有耳目,不能绝聪明;我有头脑,不能绝思想;我有良心,不能绝判断。"人之所以为人,在很大程度上是因为人能自觉反思、甄别对错,忽视此点则"人已非人"。

二来是不能将自然境界归于较低的位阶之中,因为自然无所谓善恶,"自然境界"与"道德境界"在根本上是不能分出高低的。狮子捕猎与绵羊吃草都是天性使然,不能将人类的"标签"思维强加于自然大化本宅,即使是人类与生俱来的原始欲也是如此,仅就这种欲求而言,也是无谓善恶的,因为这是先天必然的,而非后天甄别的;是与生俱来的,而非可以取舍的。所以,人之初,"性"并非"善",也并非"恶",当然也非尽如告子所说的"可善可恶",而更多是不能以善恶的标准来强加判断的。但是,很重要的一点是,自从人孩童时良知渐明、知善知恶、可依主观抉择来决定其所思所行后,就是能以善恶的标准来对之加以分别了,就可以说这是功利的所为或那是道德的境界了。

所以,即便是对人生言,也不能将"自然"置于"道德"下。而我们无论是看人性中的哪一方面,都要以一颗平常心,既不能因卑劣的恶而绝望,也不能因崇高的善而大意,因为截至目前言,正如有的科学家所认为的宇宙的总能量为"零",人类总体的善和总体的恶在一定意义上其实也是两相持平的，但当前呈现出了向恶的方向倾去的趋势。如何唤醒人心自觉、如何通过对"人"的理解而使人心能在一心灵共识的基础上向善的方面升华是本书的立论中心。

3.在致思路径上，本书力求宏观构建、中观立意和微观切入，通过对一词涵下的人性思考进而对"人"的本质进行追问，既勾勒出"大轮廓"上人的形象，也描写出"微聚焦"上人的面影，从而期望通过对"人"的镜式解构，而对"人"有一更深刻的思考、解读。而还应说的是，仅有世俗精神的世界，很难能达致高远，但和缓人心冲突，靠的更多的不是多么超远的神圣原理或超凡的彼岸境界，而是人心中能建起一共向的心灵之路来凝聚合力。因此，本书在体例架构上也是由负面进至正面、从"兽性"谈至"神性"，看现象的表面与里面、看问题的来路与去路，而最终解答人心的前景在哪里。

同时，还须看到的是，"物非有大小也，自其内而观之，未有不高且大者也"，哲学思考是既须"钻进去"体验，也须"跳出来"反思的，本书也正是立基于此两方面。"钻进去"是说思考不是对"空"而想，而需要对历史、文学等都能有所企及，因为"观今宜鉴古，无古不成今"，使思考能站在古人的高尚心灵和思想叠重下进行。同时，哲学在一定程度上也是对自我内心的一种"深问"，思考也一定要触摸到自己内心的深处，做到"穷理于事物始生之处，研机于心意初动之时"。"跳出来"反思则是说，正如写诗是诗人情感"痛定思痛"后的结果那般，可以说在人的情感峰值刹那，任何人都是写不出诗的，乃至于无法启动基本的语言逻辑来组织文字，一定是在经历了从狂喜或至悲而渐稍冷静下来，才能开始写诗。而哲学其实也是如此，是需要超乎问题一隅而再看此一问题本身的，不立基于对蛛丝马迹的细节考证，而着眼于对经验教训的能动反思，不是从历史中谈历史或为法学而法学，而更多指向对生命实践的意义根据这样大的关怀。可能在某些方面自身的理解还有不足，但这样的旨趣无二致，也都是以此作为思考的原点的。

4.在写作文风上，本书力求不产文字垃圾，可以说，在文明的承量上，数以亿言的厚书未必抵得上寥寥数语，关键是看所写的文字是否是在求真务实上的真切思考、是否能以文本灵性力量而打动人心。因此，本书重学理风骨的传承，重思想道义的承担，在基本规范的前提下，摆脱形式束缚，直指论题核心，着力摆脱没有意义的文字堆积。

同时，本书是写心中之文、我见之文，是心里如何想也就如何写的。而这就像我父亲做酵素一般，急不得也慢不得，急了，没有思想的见地；慢了，没有情感的真切。所以本书不是一两天或几个月就写出的，而是有灵感时就写、日新又新、日复一日的成果，而零散之哲思虽只构成点滴，但点滴之汇聚终会形成江海。也正是如此，本书的不同论题有着不同的思考向度，不同的思考向度又体现着不同的思想情感，因此本书在文风上不是千篇一律的。具体来言，在写贪婪欲望时，有对你我的劝诫；在写日军侵华时，有对暴行的悲愤；在写文化精神时，有对文明的热忱；在写良知、慈悲时，有对崇高的期许。其他章节也亦复如是，但是，不论写到哪儿都是自己眼中对某一问题的理解，也都是本着实事求是的态度来写的，特别是抗日战争中的日军暴行，只有保守而毫无夸张，此是需要说明的。

5.在思想旨归上，本书通过对人的兽性、人性和神性的缕析，进而得出由良知为出发、向慈悲而迈进的结论，此是全书思想的最中心点。

有几句话是需要在自序中提前言明的，那就是在抗日战争中正面战场和敌后战场抵御日本侵略者的中国人民万岁！在艰苦卓绝的正面会战中牺牲的无名英雄万岁！中国远征军万岁！

咦？！您可能会问，前面一直在讲全书的思想结构，在文风上一直是有逻辑引线的,怎么突然讲出这几句话来?答案是因为这几句话太重要了,所以不得不在这里言明。应该说,文字是用来表达思想的,写文章或写著作都要按照一定的逻辑延展来进行,但也要看到的是,文字只是媒介,逻辑也非目的,文字、逻辑所指向的思想核旨才是根本,而对那些极为关键、快被忘却且在公正意义上极为重要的所在,平地中忽起"泰山"、平湖中忽生"江潮",目的是提振人心、促以铭记,因为为那些无名英雄讨一声公道实在是太重要了。

如此即是本书——《人的哲学镜像》。

陈光谨识

兽性

人的兽性，也即人的原始性，当然这里所讲的不是特指某人而言的，因为我们不排除真正修行人的至善无瑕与至真无假，但就人类的整体而言，人的兽性，可说是与生俱来的，正如古人所讲："为善如负重登山，志虽已确，而力犹恐不及；为恶如乘马走坡，虽不鞭策，而足亦不能制。"本部分将在对人之恶性进行整体缕析的基础上，通过对人的贪欲之极致，即战争中的种种恶行来认识这种兽性，而我们这里阐述人的兽性，绝不是仅为了在客观上去描述"恶"，而是为了让人能在认清"恶"的基础上导向"善"。

第一章 邪淫

人的欲望，与生俱来，但欲望有合理与不合理之分，有正当与不正当之别，合理的欲望促万物以相谐，不当的欲望引人向无底的深渊，这也正如《礼记》中所讲："人生而静，天之性也。感于物而动，性之欲也。物至知知，好恶形焉。好恶无节于内，知诱于外，不能反躬，天理灭矣。夫物之感人无穷，而人之好恶无节，则是物至而人化物也。人化物也者，灭天理而穷人欲者也……此大乱之道也。"[1]可以说，在恶性的层域里，其所指向的不是旨在维系个体最为基本并有纯洁性的"欲"，而是一种无尺度的并不具任何道德性的"欲"，因此是对人类应有精神规约的一种背叛，看似是"得到"，实质是"背离"，其将人的生命限定在

---

[1] 傅佩荣.《推开哲学的门》，东方出版社，2013年版，第58页。

了狭隘、自私的围域内，毫无品级与人格可言。

应该看到，"万恶淫为首，百善孝为先"，无论古今，邪淫都不可饶恕。男女正式结为夫妇，组成一个家庭，为道德、法律所认可，配偶间的两性关系没有什么不正当；而除结发夫妻关系以外的两性关系，则都是"邪"。诚然，"性欲"可以说是与生俱来的，更多指天然属性，但"淫欲"则是后天形成的，是贬义词，更多指称违逆道德底线的"邪淫"。古人讲"见色而起淫心，报在妻女；匿怨而用暗箭，祸延子孙"，都旨在向人们阐明邪淫的罪恶。我们须看到的是，人之为人，在一定程度上诚然无法选择自身有无性欲的产生，但是可以选择对性欲的态度，这也是我们探讨此问题的切入点。可以说，古今中外人们对性欲往往呈现出两极的态度——一种是禁，一种是纵，我们需要合理思考的态度是什么，这是我们本部分内容所须讨论的。

一、禁欲主义应由个人取决

无论东方或西方的禁欲主张都旨在使人们摆脱身体的堕落肉欲、获得内在的安乐平静，东方有"存天理，灭人欲"的主张，西方有花园学派等思想，都是为了使人们远离纯兽性。但我们要说的是，那时人们所禁的未必就是"假恶丑"，所向的也未必即是"真善美"，在一定意义上，男女之间的合理倾慕本就是一种真，而愿结连理的互诉衷肠本即是一种善，而始终如一的相亲相爱更展现出了一种美，没有什么见不得光。禁欲的思想无疑增添了生命的负担，即使合理的生活渴求也被污上了一层咒符之力，使人们挣扎在罪恶感的折磨中。

当禁欲的思想不再是个人的态度，而变为在宗教势力作用下如西方某个历史时期那种全社会的通行主张的时候，则不仅会使男女间的合理相爱被否定、夫妻间的正当生活被污垢，甚至还会剥夺人的生命。对此，应该说，禁欲思想诚然源于人们的道德追求，但这种追求，"有"的越多，"是"的越少，也就是存有的越多，合理的就越少，因为在某种程度上，自然属性就像弹簧，压制得越大，反弹就越大，就会造成更多的问题。当然，这也是对大多数人而言的，一些真正的修行者，如我国历史上那些以戒为师的高僧大德们，他们在刚开始修行时诚然也会经历弹簧式的压制，乃至于反向力的折回，但因为他们信念坚定，没有退转，久而久之，自身的小欲就能被心中的大爱所陶融，进而"犹如木人看花鸟，何妨万物假围绕"，破除了男女之别和美丑之分，能达致当下清凉的了凡之境。

但对于多数没有"生生若能不退,佛阶决定可期"的坚定修持的普通人而言,面对此问题,如何才能更好地解决呢?我想,在很大程度上,特别是人的欲望,正如克里希那穆提所一再告诫人们的,越是把关注点放在问题上,其实就越是在助长它,真正地解决问题恰是真正地无视问题,也就是对问题彻底地不作为,根本不将它看成问题,才能使其得到合理解决。同时,是否选择禁欲完全是个人自由,但底线则是不能有"邪淫",也就是不能有伤天害理的行为。须再说句题外话,现前社会中打着宗教中男女同修旗号进行邪淫活动的不在少数,这种行为不仅污了现前的社会秩序,也玷污了原初的教理本身,对于此种行为理应通过法律予以惩处。而探究许多人被骗的原因,其根源还是一个"贪"字,认为和这个"大师"同修,就能洗除多少罪孽、得到多少功德,可以说这种想法完全是天方夜谭。"功德",正如《坛经》中讲:"念念无间是功,心行平直是德。"只要每一个念头都是向善的,即使有不好的念头也能及时地纠偏、不做恶想,这就是"功";而有一颗不贪求的平常心,这即是"德",根本不是盲目迷信的邪行所能达致的,这是需要清醒认识的一点。

二、纵欲主义则应自觉拒斥

古往今来东西方都不乏纵欲的人，但那时的"纵"，大多是个人行为，并未形成社会思潮。而自西方"上帝死了"的宗教紧箍松开后，物质享乐的个人本位开始蔓延，并随之出现了性解放的强大思潮，旧有的彼岸力量已无法拴住此岸的世道人心，再加之这种性解放的思想与性冲动的本能合拍，所以很快就在社会上蔓延开来。而时至今日，这种纵欲的观念早已随着网络等媒介的传播从西方浸染到了东方。

需要看到的是，所谓的"解放"，其实就是"纵欲"，这不禁让人们想起了那句西方的名言："自由！自由！多少罪恶假你之名而生！"的确如此，两性行为看似是个人行为，其实之中深含有社会责任，而纵欲无疑是人性的堕落。应该说，纵欲完全是以快感为目的，热衷于灯红酒绿，沉湎在声色犬马，把关乎对方一生幸福的贞洁用来满足自己的一时私欲，可鄙之至，以此为甚。因此，纵欲无疑是一种反道德、反社会乃至反人类的罪恶行径。同时，纵欲也是人性的异化，人的欲望本身就是应有所限制的，人要能掌控欲望，而不能由欲望掌控人，需要看到的是，人类性欲的限制至少应有如下两个方面：

一方面，就体现在两性关系只允许发生在夫妻之间，即使是夫妻，也必须以不伤害任何一方的身心健康和不违背任何一方的主观意愿为原则。当然，随着时代的发展，人们思想逐渐开放，但再如何开放，至多也只能允许两性关系是在两个切实彼此真爱并已预计结婚的恋人间发生，至于其他根本没爱的无爱之性，乃至于触犯人伦、法律的淫行等，就更是为法律所不容的。另一方面，即使是夫妻，人类性欲的限制还应恪守，夫妻生活诚然是婚姻生活的一部分，但其也必须受到空间和时间的限制。空间上必须是私密的，也就必须是与社会环境相对隔离的私密空间；而时间上，则应根据文化传统和风俗习惯的差异而有所不同，如，我们中国的传统节日——清明节和重阳节等，这些节日本身就是尽孝的时点，作为一个中国人就理应限制"欲"，在这种节日内就应自觉地不进行夫妻生活。总之，我们指明性欲的限制，不是为了哗众取宠，也不是为了标榜清高，而是为了凸显世间爱情的神圣和欲望表达的文明，不依于此皆是恶，唯有限制方成善。

而我们须看到的是，现前社会中，人们不乏对欲望的放纵。一些男性欺骗讨好女性，为的就是满足淫心；而一些女性没有拒绝男性，为的就是区区权钱。而这样下去的结果，就只能是像古人所说的那样，"一失足成千古恨，再回头已百年身"，很可能因为这一次的放纵就染上不可治愈的疾病，或为此离碎本来美好的家庭，甚至还可能遭到无法预料的暗害等，许多可能，很难细说。而再进一步言说，纵欲不仅是对他人的伤害，其实也是对自我的放逐。从医家角度来说，中医古来就有"三精成一毒，专杀不洁女"的古训，而现代科学也已证实了，人类的生殖器本身就有微生物，并在一夫一妻的状况下保持着微生物群的平衡，男性、女性都是如此。如果两性关系混乱，一微生物群触及过不同的微生物群，原本的平衡就会被破坏，微生物群也会病变，从而导致可怕的疾病。

古人讲，"天作孽，尤可违；自作孽，不可活"，可以说这些不可治愈的疾病都是人类自讨苦吃的结果，即自掘坟墓的结果，应该看到，性欲作为人的自然属性，一旦彻底"解放"，就会走向"深渊"，失去天理良知控制的欲望表达就会像一匹脱缰之马，祸及四方，最后坠死在崖下。而如果再深一层次看，人的外表再好看，也是不净的，为什么呢？因为在外表的包裹之下，人的鼻孔里有鼻屎，耳道里有耳屎，眼睛里有眼屎，汗毛孔所排的废物和身体内存有的宿便，也都是不可胜数，百年之后如不火化只是一烂蛆腐蚀的身体，又有什么值得去贪恋呢？今天迷恋执着的身体，不过是百年之后的白骨，不应该成为障碍灵魂的束缚。而我们之所以专一于爱情与婚姻，绝不是因为对方的外貌能多刺激自身的性欲，而是因为爱情的美好，因为婚姻的崇高。应该说，人生来就有欲望，而欲望也需要表达，我们都是不能否定的，但欲望当中不仅有其原始冲动的一面，也应有其开化自觉的一面，应有坦诚和纯洁在之中。因此，合理的欲望没有什么见不得光，只有不合理的私欲最终才会使人在黑暗中迈向悬崖。

三、合理的态度应该是什么

应该说，我们提倡的男女真爱，诚然不是脱离"性"的真空式的爱，但也绝不是无原则的纵欲式的爱；我们赞美那种男性对女性关关雎鸠的爱慕和辗转反侧的相思，同时也绝不能容忍男性对女性流氓无耻的觊觎和下流卑鄙的手段。但应看到的是，在当前社会中，在人与人的关系上，最为令人堪忧的，其实就是"邪淫"二字，也就是不正当的男女关系。人们看不到"邪淫"对个人、对家庭乃至于对社会的危害，特别是目前仍有不少人或欺骗或利诱地纵欲害人，毫无廉耻。

我们所须分析的是，之所以出现当前性关系的混乱，一个很重要的原因就是人们"性心理"的膨胀，也就是即便不能和异性真的发生性关系，但也要千方百计地吸引异性的眼球，获得心理的满足。一般来讲，青年人，以好勇斗狠吸引异性；中年人，以金钱名位博取欢心；甚至一些年老的人不死心，为了满足此种心理，总是以自身功绩耀武扬威。说白了，这些都是什么？其实都是"肤浅"而已，自然界也有这种现象，在争取异性时，雄性动物之间总要比些什么，孔雀比开屏、雄鹿比犄角，赢了的就可以取得性霸权。其实，人类的行为在很多方面都仍未能走出原始的动物本色，都只不过是动物原形的一个延伸或一种变形而已，而无论西方男人有多"gentlemen"（绅士），这"绅士"至今也未能摆脱这种动物的原形。

为什么我们要说这种行为肤浅呢？换句话说，我们能不能说这些具有性心理的动物都很肤浅呢？答案是，这些比这比那的动物不肤浅，反而人类很肤浅。为什么呢？一个很重要的原因是，动物是无法反思自己的行为的，而人类却能反思自己的所为。动物所为，完全是其天然性的流露，是不能通过它的自我反思而予体察的，无善恶可言；人类所为，则完全是有意识的所为，是可以通过其对自我的反思而予审视的，有邪正之区分。因此，这种性霸权的心理发生在人类身上是相当肤浅的。同时，人类把本可静美的心灵挖空，然后通过自以为是的幻觉填补，这种满足"假我"心理的方式难道还不肤浅吗？

还要看到的是，这种性心理与人的文化高低是没有绝对联系的，文化素养诚然是能约束原始冲动的一个力，但同时其也能在人的相对于文化素养更深层次的精神基础的作用下，将这种文化资本再变为一种工具，也就是一种更好地满足其性心理的原始冲动的工具。打个比方说，一些高校的专家学者利用手中的学业生杀之权，与自己的女学生发展不正当的男女关系，我们能说这个专家没有文化吗？他当然是有文化，但他的知识结构在他的欲望冲动面前生发不了正面的力量，反而起到助澜的作用，使他将自身的学识作为猎艳的资本、作为泄欲于人的一种工具。

这也就让我们不得不思考，人与人的知识结构诚然不同，但人的精神土壤却不能大相迥异，不能在比知识更深层次的人的精神本质上截然相悖，不能学识、职务越高，欲望、私欲也越高。对此，在我们当前的社会中，我们务必要认识到，一个人职务升迁背后的原动力到底是什么的问题，是归因于他的社交讨巧？还是归因于他的工作能力？抑或是归因于他精神土壤的力量的给养呢？我觉得整个社会即使做不到多给第三种人出路的这种境界，也应多给第二种人以发展的空间，因为第一种人权力的取得都是歪门邪道，得权之后也只会更加忘形。

在这方面，还有一个问题也是要注意的，就是"你"是搞化工的，"我"是学人文的，我们的知识结构当然不同，但我们是否应该哪怕是只有一点共同的精神规约呢？应当说，当然应有，文化的高低没有意义，灵魂的崇高才最为可贵，人可以不识字，但这并不妨碍其成为人类精神的高峰和良知操守的楷模，而这也正如康德所讲的，这世间上最美的东西，莫过于天上的星空和我们心中的道德律，"心中的道德律才是人所专有的自由界"。

也正是在此意义上，一个人无所不知，其未必就能对社会有什么价值；而一个人一无所知，其也可能对社会有种种净化意义，此意也正如苏东坡先生在文章中所说的："譬如大山乔岳，不见其运动，而功利之及于物者，盖不可以数计而周知。"一个品德高尚的人，他没有像其他人那样在人前做作行善或讨巧卖乖，其只是默默地做实事，但正是这样的人，他却能以其灵魂磁场来净化一方。诚然，可能许多油头滑脑的人聚到一起所发出的负能量要大于他一人所放出的正能量，但其以正气的磁场在净化一方是毋庸置疑的。

那么，接下来就有必要思考，在欲望方面，什么才是合理的态度呢？有没有可以适合你我彼此的共同的精神规约呢？应当讲，正如梁漱溟先生所说，合理的人生态度不是贪婪的，也不是禁欲的，"不是驰逐于外，也不是清静自守的"，合理的人生态度是"很自然、很条顺、很活泼如活水似的流了前去"。[1]的确是这样，只有生气盎然、生机勃发地向前走，才是我们应该有的合理姿态。但是，问题的关键是，怎么才算是生气盎然呢？在有些人看来，欲望得不到满足就只有一片死寂。对此，正如古罗马哲学家塞内卡所说："最悲惨的奴役，就是一个人做了自己欲望的奴隶。"罗马共和国末期的诗人和哲学家卢克莱修也同样认为："想要的东西得不到，那就比什么都好。想要的东西到了手，那就想要另一样东西。人的欲望永远如此。"[2]

可以说，也的确是这样，欲望越发膨胀，生命越显空虚，如此循环往复下去，生命始终都无法清凉，总是处在缺乏状态。人生总是这样处在空虚零散的杂乱之态，此样的人生又有何意义呢？终不过是支离破碎的骷髅而已。应该看到的是，"登高极目知天地之大，置己苍茫知寸身之微"，人活着有更重要的意义，人要追求自由，但欲望给不了人自由，在它之中只有束缚，

---

[1] 梁漱溟.《人生的艺术》，陕西师范大学出版社，2010年版，第12页。
[2] 傅佩荣.《推开哲学的门》，东方出版社，2013年版，第58页。

让人成为欲望之奴而不自知；人也要追求崇高，但欲望无法担起崇高，在它之中只有渺小，让人日趋卑鄙下流而不自知。应该说，我们不能将心思智虑太过执着在"我"上，欲望如果合理，那也应该节制；欲望若不合理，那就更不应去触碰，古人说"知足第一富，无病第一贵"，在很大程度上，人生最大的疾病就是欲望之魔的泛滥。

而对我们中国人而言，自古以来，夫妻关系就是五伦核心，《易经》中以"恒卦"，也即以"恒"这个字来阐明这种关系的特殊性，"有天地然后有万物，有万物然后有男女，有男女然后有夫妇，有夫妇然后有父子，有父子然后有君臣，有君臣然后有上下，有上下然后礼义有所措。夫妇之道不可以不久也，故授之以'恒'"。这段文字，实在重要，也就是说自天地初创、万物化生伊始，夫妇关系就是其他伦理的基础，是秩序演化的基点，也是逻辑顺次的中枢——没有夫妇关系，就不会有父子关系，也就进而不会有建立在父子关系基础上的君臣关系等。即使产生了后来的伦理关系，但若没有夫妇关系的顺正，也就不会有家庭长幼的尊卑，也就进而不会有国家秩序的井然，可以说，其他这些都源于夫妻关系的恒常。不仅古时如此，其实我们今天也是一样，一个家庭里，上有老、下有小、夫妇在之中，如果处于中间位置的夫妇不能稳步偕老，那么这个家庭还会和睦吗？答案当然是否定的，如果夫妇不和，家庭就会动荡，而家庭作为社会的基本组成单元，若其都不和了，社会就会很浮躁。

问题的关键也正在于此，对我们当前社会来说，"邪淫"问题最突出的有两个方面，而这两方面正在以很难管控的方式扰乱我们的社会。一个问题是，中国自古以来在传统儒家思想的延展下，士、农、工、学、商，当官是第一，由此形成崇拜权力的沿革观念，人们普遍短视，甚且不少是目盲。正是在这样的传统下，加之当前的生活条件富裕了，不少人就开始饱暖思淫了。伴随着利欲思想的腐蚀和修身克己的缺位，一些人在成为既得权力者后就千方百计地将自己手中的权力变为自己的特权，具体来说也就是"性特权"，将手中权力变为猎艳的资本、变为私欲的工具；而一些女性因为缺乏安全感，也崇拜权力，所以就甘心依附这类人，当然，这之中也不乏被胁迫、欺骗之可能。然而，既得权力者的特权则是显而易见的，这类人中不乏政府官员、商界总裁和影视导演等等。这个问题不仅在很大程度上造成了百姓对贫富差距的落差、对失德失管的痛恨，而且在一定程度上助推了整个社会男女问题的混乱。

另一问题是，由于网络日益发达，导致网络上色情一度泛滥。个别这一产业较发达的国家，不仅为了赚钱，还看到了男女一伦对于中国伦理的重要意义，便以色情作为武器，专门毒害中国青年，使得中国男性好色入魔，进而身体羸弱；并在中国男性的带动下，促使中国女性渐失贞操观念，进而开始放纵，由此使一些中国人的两性关系变得混乱、夫妻的长久观念变得脆弱，企图以此来彻底颠覆中国的家庭结构和社会秩序。同时，他们也意在通过刺激中国男女性欲膨胀的方式进而导致各行各业的人性私欲都扭曲，使在人性心理作用下的虚荣心和攀比心等阴暗心理几何倍增，而刻苦心和务实心等阳光心态几何递减，从而使包括科学研究和文化艺术在内的社会各方面都浮躁，都肤浅，都日渐华而不实、哗众取宠，从而致使我国的文化高地被占领、精神高峰被夷平，以此实现他们彻底打败中国之企图。

  应该说，如此居心，可谓至毒；如此情势，可谓险恶。而综合以上两方面的情形看，内有人性本有的私欲滑坡，外有强力污浊的淫思推动，两方合力势必会将我们中华民族克己省思的传统教诲变得苍白无力，变为历史遗迹。对此，人们务必要保持清醒，也务必切实反思。可以说，如果再放任人性私欲泛滥下去，不过数十年，我们中国将很少有像林则徐那样的真正为民之官，将绝少有像陈寅恪那样的真正治学之人！为什么呢？因为在欲望野心的驱使下，人们大都变成了追求名闻利养、满足私欲淫心的污浊之集合，而所谓的学术成绩等不过只是知识的幻象，而绝非知识之本真；而所谓的道德榜样等也不过是外以欺于人、内以欺于心、被"赶鸭子上架"的一些人。所以，我们今天必须对此问题有一个全面的、深刻的省思。

那么，合理的态度应该是什么？这是我们不得不思考的问题。对此，有必要先予剖析的一点是，当前男女间的许多问题，在一定程度上都可归因于在对异性的认识上有偏差。可先来看女性对男性在认识上的偏差。女性对男性一些较普遍的认识是，"男人没一个好东西""都是绣花大枕头，暗里一团糟的衣冠禽兽"，诸如此类，意思大致如此。而也正因此种态度，所以不少女性都不再相信纯洁的爱情，也都不向往忠贞的婚姻，只是将男女关系作为一种交易，他图谋我"美色"，我谋取他"权财"。应该说，当前社会上许多权色腐败现象不都是如此吗？而我们不禁要思考的是，这种态度合理吗、客观吗？我们诚然不否认当前许多男性或是表里不一的花花公子，或是自恃权势的某某官员，但是不能因为当前的道德滑坡就失去对人性的应有期许。试问当日本鬼子荼毒华夏时，那些挺身而出、死战死守的无名英雄不都是男性吗？怎么当不得一个"好"字呢？那些古往今来为唤醒人们良知、促进人们醒觉的高僧大德不也大多都是男性吗？怎么当不得一个"善"字呢？当然，人心在一定程度上确实不古了，这是无疑的，但也要看到女性之所以这样看待男性，是因为她们只看到了人的原始欲望那一面，而没有看到人的人性光明那一面；只看到了不择手段那类人，而没看到自我省思那类人。

举个简单的例子，今天女性们都应感怀、铭记一个人——民国时候的学者刘半农先生。为什么呢？因为刘半农先生首创了一个字，而这个字的产生则直接在文明的意义上提高了女性的地位，有力地维护了女性尊严，何字呢？就是女字旁的"她"字。在以前的中国文字中，只有男性能用"他"，女性和其他动物、物品等都一律用"它"来表示，而女字旁的"她"之产生则直接将女性放在了和男性平等的位置上，而更为重要的是，刘半农还在其诗作《教我如何不想她》中，将"她"不仅仅指一个女性，更寓意为祖国母亲。这是多么伟大的创举，只有女性的慈爱才能表现祖国的意义。所以，通过刘半农先生对女性的贡献，女性是没有理由将男性都一概否定的。同时，大凡人多是有欲望的，但只要欲望是正当的、合理的，那就不能剜肉做疮，不能视其为恶。比如对一对合法夫妻来说，"黑夜是爱情的白天"，这没有什么不对，因人有欲望就全予否定的态度则只会使人趋于极端。

再来看男性对女性的态度。不可否认在当前社会中,很多男性都是在以流氓的态度去对待女性的,或花言巧语、百般讨巧,或道貌岸然、貌似高深,抑或者是张扬炫富、自恃权势,而目的则只有一个,就是满足其自身的私心贪欲。应该看到的是,人的欲望虽是与生俱来的,但人的良知是恒常并在的,占有所满足的多只是转眼成空的贪欲,但其所伤害的可能是一人一生的幸福,同时还有可能因为这种伤害,女性开始不信爱情,甚至自我堕落,乃至自绝生命。诚然全天下的男性无论贫富贵贱都有追求自己婚姻的权利,但全天下的男性也都有无论何时都不触碰邪淫的义务,而凡是不以婚姻为目的、不以责任为始终的占有则都是一种邪淫,在层次上也真的不如狼等感情专一的动物。

当然,如今这方面问题虽然不少,但我们也要确信,这不会是世间伦理的落寞,也不会是"心我"世界的荒芜,我们不得不去追问,合理的态度是什么?对此问题,我想人们至少可以建构起的态度是:对禁欲主义宜听其自便,但对私欲泛滥则不能合污。同时,也应有如下两方面的认识:

一方面是因果认识。古人讲,"见色而起淫心,报在妻女;匿怨而用暗箭,祸延子孙",应该说,我们不能狭隘地将古人的因果思想简单理解为复仇观念的变相或阿Q精神之一种，也不能像很多人所认为的那样，因果就是谎言、没有科学根据，就算不是骗人的，那也是百年之后很遥远的事。需要说的是，当前生命结束后是否还有一恒在的灵魂，这个问题我们不去讨论，我们这里所说的"因果"就是指当前的现世报，而非指来世的轮回链，也就是从逻辑上能推理出的，而非指由神明等去裁判的果报。再说句题外话，有没有"神"呢？我想是有的，而同时这个"有"也不是指有一翱翔天际的宗教意义上的"神"，而是说我们人类共同的"良知"就是世间共通的"神明"。什么意思呢？也就是说一个人作了恶，我们都会说这人不好，而人们都认为作恶的人不好的念力，在本质上就是种神明的裁判，因为念力也是一种力，人们的念力集中到一起就会发生现实的作用，使其受到应有的惩罚。而就算作恶的人隐瞒得再严密，其最终也逃不掉自己良知的审判；就算其已狂恶到没有丝毫良知的地步，也无法逃脱掉被害者念力的裁判。这种心念的力量，虽是精神的，但同样也是物质的，会以无形的能量加注在这个世间，这样的能量汇聚得多了，就会有因果的产生。而也正是在此意义上，无论人还是动物或植物，心灵的念力就是这世间共通的"神明"。

而再回到邪淫的问题上，需要看到的是，物理上有万有引力定律，心理上有因果不灭定律，两者在本质上均是一种客观规律，不能把前者认作"规律"而将后者误认是"妄断"。古人讲"人身小宇宙，宇宙大人身"，地球有引力，所以能把泥土沙石聚到一起，不使其零乱地向外离散；同理，人心也有引力，所以能把尘世缘影吸聚到心灵中来，从而小至一个念头，大至一个行动，既然有起灭，也就当然有因果，两者在本质上都是一种力。行动无须多说，单来看念头，念力在某种形式上表现为一种"脑波"，也即是一种能量，会以人眼看不到的方式发散到外在的世界中去，一个人心地阴暗，其散发的暗物质、负能量就会多；相反，一个人心地光明，其散发的和合气、正能量也就多。而我们都知道力的作用是相互的，心里的脏东西多，生命的脏成分也就多，而脏东西都是有细菌的，心理又是作用于身体的，心理的细菌随即也就会导致身体的病变，由此导致恶性循环，酿成顽疾，必不会有好下场，这就是一种实实在在且切近自身的客观规律。

另一方面是克己精神。古人讲："能知克己一分，强胜求知千万。"也确实是如此，无所不知不如一善在心，夸夸其谈不如一言九鼎。而如前面所提到的一些高校的教授，肚里有知识，心中却无戒尺，可以说，人如果不能规控自己的私欲，那还真的不如知识不广的普通人，因为普通百姓至少不会利用具有神圣色彩的"知识"去充当满足私欲的"工具"，将"知识"作为诱饵的手段其卑劣也实堪比土匪的行径。由此，在很大程度上，能克制自我的私欲胜过了一切外在的知识，一个人有无知识决定不了其生命价值的高低和心灵世界的广狭；同时，减得一分人欲虽未必即近一分天理，但减得一分人欲必定胜过一切浮夸，而这也正如王凤仪老善人所一再告诉人们的，"道是行的，不行没有道；德是做的，不做没有德"。此语蕴含极深的意义。

此外，广大男性还应看到的是，女性为生小孩，要承受十月怀胎之苦、临盆生产之痛，从这一点看，每一位母亲都是值得崇敬的，而这位女性所生的小孩也很可能会成为文学上的曹雪芹、音乐上的莫扎特，甚至是对人类和平起重要作用、帮助人类战胜狂魔的物理学家爱因斯坦。就算其生的不是这样出众的人，即使是一平平常常对社会、对他人无害的普通人，这样的母亲同样是值得尊重的，因为这样的母亲至少没有把自己的孩子惯坏，有母教的作用在，古人讲"闺阃[1]乃圣贤所出之地，母教为天下太平之源"，我们今天尤不能忽略这一点。所以，男性绝不应单独抱着

1　闺阃：女子住的闺房。

淫欲的态度去对待性，性能带来快感，也有其崇高的一面，这份崇高就体现为对对方的真心、责任以及对生命传承的尊重。

总之，"拥林万亩，眼底沧浪，方悟种德若种树；存书万卷，笔下瀚海，才知作文即做人"，无论是出于良知自觉，抑或是出于敬信因果，或仅仅是出于畏惧法律，人们都不应去邪淫。这里很有必要引用印光大师在《劝毁淫书说》中所说的一段话："邪说之最足以害人心世道者，莫如淫词小说为甚。盖圣贤经传，唯恐不能觉天下之愚迷；而淫词小说，唯恐不能丧斯民之廉耻。以故小说出而淫风炽，淫词兴而贞德衰。……其毒人也，烈于蜜饯砒霜；其陷人也，惨于雪覆坑坎。令人灭理而乱伦，折福而损寿，破家而杀身，辱先而绝后。"又告诫人们："凡见此等人，务必劝令改业；凡见此等书及板，务必尽行焚毁。有力则独任其资，无力则劝众共举。"

印光大师开示此语时，还只是针对淫秽书籍，时至今日，邪淫之物早已超出了此范围，色情影像传播在互联网上、通信工具变成了邪淫平台，可以说，如果再放任此种情况发展下去，乱来会成为常态、本分反会成为异态，甚至如果讲本分还须自证无罪、证明自己没有什么见不得人的企图的话，那么人心就真的无救了。清末名将胡林翼曾讲，"居今日而为政，非用霹雳手段，则不能显菩萨心肠",此话甚恰确,在挽救人心的工作上只有用天雄大黄之猛药,才能提振人心以醒觉,而这需要我们从见闻觉知上下功夫、从下代培养上下功夫,共同努力建构起一人所共向的伦理秩序。

第二章 侵略

贪欲发展到极致就是战争，这是人之恶性所不能忽视的一点。而古往今来的战争，最应被人们站在人性的立场进行剖析的就是侵华日军对中国的侵略。首先应予说明的是，回顾历史不是为了铭记仇恨，而是为了在对历史有一公正认识、对罪恶有一公正挞伐的基础上珍惜和平。所以，我们这里所写的侵华日军的种种暴行，绝不是为了仇恨而揭露，而是为了未来的和平；同时回望历史也是使我们更真切地看到人性，并更好地指引人性的一重要方面。这一点是不能不先予说明的。

一、从人性角度透析侵华日军

战争如何缘起，诚然是外因与内因相交织、侵略与反抗相争竟的一综合过程，抗日战争亦是如此，是由日本侵略者的无耻和反侵略者的无畏所共构而成的，而这其中上演了太多的由人性扭曲所带来的苦难：无辜百姓被残杀、无数妇女被凌虐、无量生灵被涂炭。我们有必要以侵华日军的一部分暴行来拷问他们的人性。从人性角度看，我诚然很难把日军残暴的原因完全说尽，但仅就思考所及谈如下几点看法。总之，对于抗日战争，我们需要说的是：历史不容忘却、苦难必须彰示。

心理是人性的索引，而须看到的是，日军侵华无论在政治、经济、军事等方面存有何种企图，其在很大程度上均脱离不了隐于他们心中的、可能自身并未觉察抑或是即使觉察也不愿承认的某些阴暗心理，即恐惧感、虚荣心和性心理。可以说，当时的侵华日军和大多的日本国民都陷入了由上述心理所带来的丧心病狂中。那些心理就像一个魔兽，总是需要不断地从外在捕获安全感、尊严感和注目感来喂养，为填补这些人心黑洞也就加剧了侵略的形成和暴行的产生。下面我们分别说之。

1. 恐惧感

侵华日军崇拜天皇，这是人所共知的，但我们需要思考的是，仅仅是因日本天皇是以"神"的位格存于他们心中吗？仅仅是历史文化等方面的原因而造成的这种情势吗？当然不排除这些，也不排除他们某种意义上的忠诚意识，但除此而外，还有一至关重要的心理因素必须看到，即日本军人标榜对天皇的绝对崇拜且以此作为合群的始基，一方面是借此保护自己，另一方面是凭此填补心虚，即因缺少安全感而与他人共构建立一基本的信仰连接。别人既已标榜，自己当然不甘落后，并以这种方式向他人表示有所信仰，从而来满足虚荣心、克服恐惧感，这可说是他们隐而不显的懦弱所在。

从事实来看，我们不得不说的是，侵华日军外在看似勇敢，而内在其实最怕脱群。勇敢是假的，怯懦是真的。因为日本军人无论是战场上作战还是私下里作恶，大多是成帮结伙、三人成虎的，均是随波逐流的为非作歹，少有自我内部指责声讨的正义之声。难道他们不知道滥杀无辜、奸淫妇女是很邪恶的事吗？当然不是，他们也知道，但他们的良心抵不过自身的兽欲与合群的保护，这表现出了侵华日军外强中干与脆弱怕死的一面。

同时，从侵华日军所刻意制造的如南京大屠杀等大规模的无耻虐杀惨况看，其目的即是在极大程度上制造恐怖氛围、树立威武形象，从而打消中国军民的斗志，达到迫使投降的无耻企图。而他们之所以如此，从人性的角度分析，也是因为人往往都是怕死求生的。战争中的死亡无所不在，下一个死的很可能就是"自己"。无论侵华日军承认与否,他们在战争中都存有对死亡的集体恐惧,一切外在的口号、誓言,均比不上求存的天性,所以他们以极残虐的手段来抵拒自身的恐惧,并用这种残虐营造自身"勇武"的假象,达到使对方害怕自己、从而求存的目的(当然,侵华日军在有些情况下也会选择故意寻死,而这种情况的心理基础则更多是一颗好名之心,下文对此还将予以详述)。

正因为此,他们毫无节制、毫不收敛地对中华民族的儿女们犯下了一笔笔的滔天巨恶。可他们不知,对中国人而言,"万恶淫为首,百善孝为先",当着儿子的面虐奸母亲、当着父母的面虐杀子女等此类暴行,中国人是不会因战争的结束而忘却的,因为这些暴行完全打破了中国人民的精神底线,也完全践踏了中国人民血液之中的民族尊严。所以,中国人民对侵华日军的仇恨是不以意志为转移,也不以时间为退转的,这种血海深仇只会绵延无终。

再回到我们思考人性的方面来,应当说,当时的侵华日军,手段越是残忍,越是没有人性,越是标榜信仰,灵魂越显卑劣。

2. 虚荣心

我们需要看到侵华日军的另一个心理特质就是他们的虚荣心,其影响也是非同一般的,主要表现在好名方面:赢得别人注目、获得心理满足。例如，他们的切腹大多是做给别人看的，少有在不被人发现的地方纯出乎自觉的切腹。他们往往以"惭愧赎罪"为表象，以"死后殊荣"为目的，在众目之下切腹自尽。或者即便没人，但同样出于好名之心，而选择在死后也必定会被人发现的地方切腹，以博得"武士"之名和所谓的"荣誉"。

同时，侵华日军虚荣心的另一表现是，那时的日本天皇和各级军人在照相时总将各式勋章挂在胸前、各样刀剑拿在手里，以显威武，其实这些行为都是出于虚荣心，以及一种自我满足的光环感。从理性角度看，这无疑是自己欺骗自己，也无疑是将那时的日本引入罪恶之深渊的一种助推。可以说，虚荣心越强，征服心、好战心也往往随之越强，而一国的走向在很大程度上即源自领导者的心向，以如此心向来引导国民焉能不走错路！那时的日本即被军国主义好战者们的征服心所推动，一步步滑向了犯罪深渊，不仅荼毒了他国的百姓，也殃及了自己的民族。而须再次说明的是，这种心理活动的助推诚然不是战争发动的主因，但也不能轻易排除这种集体心向的作用。

还有一个现象也同样值得留心，就是那些鼓吹军国主义、身居军政要职的日军统帅们。从史实来看，其大多都是送别人去死而自己却偷生的鼠辈一流，以史实角度向人们说明了虚荣心与怕死心往往是相伴随的。这是为何呢？因为虚荣心大多源于一个"我"字，我执太重了就当然想活着。所以，侵华日军中越是高级统帅往往越是不敢直接上战场、直接血拼的，大多是保全了自己性命而枉送了他人生命的。像历史上臭名昭著的天皇裕仁、东条英机和松井石根等，他们哪一个是真不怕死呢？天皇裕仁在审判面前当了缩头乌龟，东条英机在罪责面前选择了假装自杀，而松井石根则在宣判之时吓得浑身发抖，他们表面上常佩戴着各式勋章出来进去好不威风，其实也不过是小丑一流，狗屁不是，可笑之至！（东条英机之所以选择自杀，一方面是因其不敢直面罪责，另一方面是因他的求名之心，而他自杀用的手枪本身就是不对准太阳穴就很难打死人的小手枪，东条明白此点，所以他选择了向心脏开枪而且还打歪了，造成一武士殉国的假象，遂也成了历史上的千古笑柄。）

3. 性心理

性心理在一般意义上主要表现为人在主观思维中假定有心仪的、众多的异性在注目自己，同时认为同性也会因自身而黯淡无光、相形见绌，以此来获得满足感和光环感。可以说，这种原始的动物心理也是贯穿侵华日军的暴行始终的，他们因淫欲而强奸无忌、耀武逞强，这些暴行的背后也有此种心理的驱动。

尤需要指出的一种隐藏在侵华日军心中的思维定式是，因为中国军民的顽强抵抗，他们自知自己随时会死亡，所以他们的贪婪兽性暴露无遗：对于妇女，他们虐奸虐杀，认为多占有一个到人间就更不白来；对于钱物，他们到处抢劫，认为多夺得一分即可供其多份享乐，由此，侵华日军肆无忌惮、卑鄙至极。而由于语言上的障碍，那些中国妇女的悲惨哀求对他们而言更多的是种满足兽欲的饭菜作料，即使是稍有恻隐心的日本军人，也往往会因自身的欲望驱使和合群的迫切要求而在心理上暗示自己什么都没有听到，这些眼前的痛苦呻吟不过是风声和雨声，没有意义。所以，侵华日军就在中华大地上犯下了一系列自有人类以来最最无耻、最最下流及最最卑鄙的罪行，罄竹难书，罪恶滔天。

而我们不得不说，正是对天皇权威不敢质疑的恐惧感、对所谓的"荣誉"错误理解的虚荣心和被自我陶醉迷惑的性心理三者，在一定意义上推动了侵华日军的侵略暴行。那时的日本，只有军权统领一切，少有反思对抗之音；只有暴行罪恶滔天，少有他们良心发现。再加之那时日本官方的舆论欺骗，更在很大程度上使日本全民陷入了一种集体意义上的"无知目盲"和"自我矮化"，也就是他们甘心受军国主义洗脑、甘心为天皇裕仁去侵略，回过头来看，他们的种种所行始于惧怕权威的奴性，注定难逃失败的结局，违逆了公理公法、触犯了人伦底线，最终走上了不归之路。诚然，我们不能把整个侵华日军的战争罪行都仅归因于以上这几种心理基础，但至少以上这几种心理形态对战争的发起、手段的邪恶是起到了助推作用的，对于我们追问人性具有重要的意义。

同时，我们也不难看出，日本天皇裕仁对中国人民、对世界人民都负有着不可推脱的战争责任。但是，他以及其他罪恶至深的皇室成员却因与美国的幕后交易而均被免予起诉，我们不禁要问：这样做对得起被迫害的无辜百姓吗？对得起应有的法律公正吗？对得起为了正义而战死沙场的勇士之灵吗？能平复无辜百姓在被敌人虐杀时临死前的悲愤和无限度的痛苦吗？应当说，答案都是否定的。对此，我们应该认识到：对于天皇裕仁的罪责是不以其身体死亡而消亡、不以其逃脱审判而改变的，我们必须明确：日本天皇，必然有罪，且其罪恶乃亘古未有。

二、从否认罪行审视卑劣邪恶

在这里还有必要再进一步探讨对于侵华日军罪行的惩治问

题，这不仅是思考法律公正的必需，也是我们反思人性的关键。史实向后人证明，法律是时有无力的，我们所要思考的是，一个人在和平时期犯下极端暴行的巨罪时，他必会受到法律的惩处，然而在日军侵华时期，由于这种暴行到处皆是，战后由美国所操控的审判，更多只重形式公正，也就是审判程序的严密，而完全忽视了实质公正，也即是"罪""刑"相抵的要求——使犯罪的人受到应有的刑罚。应该说，僵化的法律程序必然会带来法律的天平失衡，甚至是极为严重的失衡——公正的缺席缺位。尽管众所周知，一日军部队中的所有人，或者说得保守些，"绝大多数"的人都犯下了滥杀无辜等暴行，但因那时调查取证的困难、诉讼成本的计算和幕后交易的影响等一些本不应该出现的掣肘法律公正的因素，而姑息了绝大多数犯下巨罪的日本兵，在审判时基本上只追责了极少数的军部高层，而放过了大多数的"有罪之身"。

我们不禁要问：这公平吗？先人的苦难难道可以这样一笔勾销吗？我同胞们被迫害致死前的集恐惧、悲愤、痛苦等心理挣扎和身体煎熬于一体的苦难，难道就真的得不到应该有的正义吗？而侵华日军无限度地将屠杀、轮奸、烧抢等侮辱虐待和残忍暴行施与中国人的荼毒和摧残，难道就得不到应受的处罚吗？从史实来看，也是很遗憾地说，确实如此。虽然我们不能接受远东国际军事法庭的审判结果,但应衷心感谢梅汝璈、向哲浚等法律先辈对于讨回公道的努力,与此同时,不能不认识到的是,远东国际军事法庭对于战犯惩处的不力和幕后操控的不公是的确存在的。应该说,忘记历史即是背叛先烈,而止于历史绝非实事求是[1],所以,我们至少应从如下几方面聚焦来思考历史曾有的缺憾,并以这种聚焦为路向来更好地思考人性。

聚焦点一:天皇裕仁。以日本天皇裕仁为核心的皇室成员的战争责任毋庸讳言,裕仁本人则更是罪魁祸首。然而,对于这样的人类公敌,麦克阿瑟却代表美国出于他们单方利益的考量而与裕仁达成了交易。应该说,日本投降后,美国实际上已秘密决定赦免裕仁,一方面是担心日本天皇若被追责,日本人民可能会骚乱;另一方面更为重要的原因是,当时美国急需天皇成为他们的"玩偶""傀儡",以此配合美国的部署来钳制苏联,掌控亚洲。

1945年9月27日,裕仁拜见了麦克阿瑟,两人究竟谈了些什

---

[1] 我的意思是说,不能历史的遗憾就让其永远是个"遗憾",历史的错误就只能是个"错误",而无补救的办法和反思的空间。人,要能以史为鉴,不能"止于"历史所造就的囿域。即使这个囿域很牢固,但只要其是错误的,并且这种错误是不可饶恕,或饶恕了这种错误会对将来的人类文明造成极严重的偏差的,都要有勇气来纠正历史的错误,总之是要有实事求是的勇气。

么，他们对外均称两人对此做了"君子协定"，不向外传。但据麦克阿瑟在其《回忆录》中的记载，裕仁"谦卑"的态度出乎意料，显然，战败的裕仁对于自身的罪责就是问心有愧，同时也是惧怕惩处的，而在得知美国对于自己不予惩治的基本态度后，裕仁心中才始安心。返回皇宫后，皇后良子不由自主地说道："您的脸色好多了……"由此也不难看出作为战争狂魔的天皇裕仁其实也不过是外强中干、实在怯懦的。

在某种程度上，放纵犯罪甚至比实施恶行更要卑鄙，从人道精神的基本价值看、从人类和平的长远发展看，对于顶级战犯的不予追责，当然也就酿成了今天日本军国主义的复活。可以说，这是历史的悲哀，也是法理的无存和公理的无助，同时更是良知的没落。而这一切全由美国酿造：对法律来说，美国口号上呐喊公平公正，实际上却将法律视为政治的婢女；对人权来说，美国形式上高呼平等，而实质上却早将人权作为政治的棋子。对裕仁的不予追责即是美国出于单方利益的考量而对全体人类所犯下的绝大之罪！

我们需要明晰的是，裕仁作为客观实体的存在确然已经死了，但其作为历史象征的存在依然以一无罪之身而逍遥法外，鲜活在那儿，我们今天有必要、有责任，也有义务对其做出有罪宣告，这不仅是告慰先人冤魂、抚慰在天之灵之所必须，同时也是纠正历史缺憾、彰显公理公法之所必要。

在这里还应更着重地提及作为日本皇室成员之一，比松井石根对于南京大屠杀还更有责任但却逃避了审判的——朝香宫鸠彦。作为皇室亲王之一，他所下的命令对于所辖军队的行动当然具有十足的影响力，即使是作为淞沪战场最高指挥官的松井石根亦唯亲王的旨意是从。而就是这个朝香宫鸠彦在日军占领南京后前后陆续发布了一系列的屠杀令，通常是简单且直接的四个字——"全部杀掉"，上行下效，这样的命令被层层传达并彻底实施，在很大程度上直接导致了日军攻进南京城后所采取的令人发指的各种暴行。

就是这样一个罪大恶极的杀人狂魔却在战后以亲王的身份而免予惩处，最终逍遥终老，而真正因为南京大屠杀被判死刑的只有华中派遣军司令官松井石根和第6师团长谷寿夫，以及实行"百人斩"的向井敏明、野田毅和田中军吉五个人。我们所须切问的是，三十余万同胞的惨遭荼毒，却仅以此五人的贱命来抵偿，公平何在！我们不禁要问这难道就是国际公法对于南京大屠杀的一种终结式的交代吗？！我想，当然是不能以这样的结果作为一种终结式的交代的，因为人类终究具有反思的动能，纠正以往的错误是历史的趋势,所以,我们应对以裕仁天皇为核心的侵略行为做出庄严的有罪之宣告。

有人可能不禁会问,照这样对历史人物宣告有罪的逻辑,推论起来似乎一切有罪的历史人物都可审判,岂不是无有终始的吗?对此,我的回答是,天皇裕仁的情况是极特殊的,对其宣告有罪即是对一切在中华大地上犯有罪行的侵华日军的宣罪。同时,一来时间间隔并未过分久远;二来确属是因当时美国幕后的利益交换才造成处理之不公的,没有尊重世界人心的向背,没有顾及中国人民的苦难,没能达至法律应有的正义,所以需要我们对历史进行重写;三是裕仁天皇不仅是对中国人民,也是对世界人类犯有滔天巨恶的人,宣判其有罪有利于人类的长久和平和法律的神圣意义的彰显。所以,基于补救历史缺憾、彰显公法公理的要求,我们不能再故步自封于教条化的法律逻辑和狭隘化的文明视域,要知道历史的存在也是一种存在,身体的消亡不代表象征意义的消亡,对裕仁做出有罪宣告即是对人类文明的绝大增进。

聚焦点二:石井四郎。提及此人,恐怕知者不多,但提起令人发指的日本七三一部队,则几乎无人不晓。石井四郎是七三一部队的头头,其罪恶可想而知。首先应予辨明的一个误区是,很多人往往称"七三一部队"为"七三一解剖部队",可实际上,他们的恶行远非"解剖"二字所能囊括。应该说,凡是变态狂魔所能想到的各种惨无人道的活人试验,尤其是那些残虐杀伤的项目,七三一部队都在石井四郎的指挥下尽可能地做遍了,而被实验者大多都是我们中国的抗日志士和平民百姓。他们的罪责必有天诛。

作为在日本最高统治者天皇裕仁直接授意下所组建的细菌部队,毫不夸张地说,它是人类历史上最大规模、最灭人性、最为残忍利用活人进行各项惨绝人寰实验的秘密部队,放眼他们的所谓"实验",如"无麻醉拔牙":目的是测试被试者在未麻醉情况下是否可以忍受拔牙的疼痛,实验的结果是无人能够忍受,许多同胞的牙齿被一颗颗地拔掉,最后惨死在手术台上;再如"人与马血互换":将被实验同胞的血液抽去大半,而后立即输入马匹血液,观察被试者表现,结果被试者都是全身痉挛,最后惨死。又如"研究病菌对胎儿的影响"和"人兽杂交"等,则都是对女性同胞的残忍摧残,前者是强暴迫其怀孕后,对其注射病菌,待胎儿成形后再进行活体解剖,观察胎儿的状态;后者是强迫女性同胞与马匹等动物交配,观察其受孕情况和身体反应等。诸多种种,不胜枚举。因为石井四郎等人都十分清楚,自身的所作所为在和平时期是不可想象的，但为了日本天皇，他们没有任何负罪感，反而是在极其严密的组织下日复一日地进行着各种杀人实验。

日本战败前夕，石井四郎秘密命令部队全力生产、高效生产，并建议将现有存储的各类细菌、毒菌跳蚤等全部投放到中国和苏联各地，然后致死的传染病毒就会迅速蔓延至欧洲全境，促使日本天皇转败为胜。但值得庆幸的是，石井四郎的建议未被采纳，因为这种再致数亿人因感染病菌而死亡的疯狂建议，即使是在杀人如麻的日军内部也是感到无比疯狂的。

而在日本投降后，石井四郎命令部队尽可能地销毁一切蛛丝马迹——炸毁了实验厂址、杀害了所有人员、烧毁了全部文件，随后他扔下部属独自一人逃回国。可以说，就是这样一个丧尽天良的日本鬼子，如何处置也不为过，但是，美国方面却为了换取"七三一部队"以中国百姓痛苦呼号、惨死生命而得来的所谓之"研究成果"，竟然与石井四郎达成私下交易，不予起诉、不予追责。石井深知自己所犯下的滔天之罪，但面对不用负责的"天降之喜"，他当然欣然同意，于是他将沾满中国人鲜血的各项细菌资料和实验报告等全部送至美方，使自己逃脱了应有审判。而这些"七三一"所谓的实验成果的资料、胶卷也被秘密运抵美国细菌化学武器特托利克研究所，并在美国的操控下秘密遣送不少反人类的"七三一"细菌战战犯到美国进行资料传递。

应当说，行文至此已然无须多去评论，只能说美国的法律、人权和道德、廉耻等都全然扫地。

聚焦点三：大川周明。大川周明是第二次世界大战之后，远东国际军事法庭甲级战犯中唯一的一个日本民间人士。与其他人的不同之处在于，他虽未直接参与过屠杀等行为，但却一直在为日本侵略提供理论支撑，他疯狂地煽动法西斯主义，为各项侵略政策和惨绝人寰的屠杀政策出谋划策。可以说，他推动了军国思想的强势狂潮，很多人正是在他的蛊惑下，才最终走上了杀人狂魔之路。大川周明也理应是被处以极刑的重要战犯之一。

但是，这样一个狂热的法西斯分子却在接受审判时以装疯卖傻逃脱了审判，在很大程度上戏弄了法庭，也玷污了法律。

1946年5月3日，法庭开庭时，他就不时地喧哗叫嚷、各种疯相，用以引起他人的注目，后来他突然向坐其前面的东条英机的头上打了一巴掌，并高喊："东条，我要杀了你！"期望通过各种表演，证明自己精神有病。面对这种情况，大法官威廉·韦伯命令宪兵将他带出了法庭，并在经过法庭指定医学专家的潦草鉴定后，认定其有精神病，最终放弃了对其起诉。然而，其他战犯全都知道大川周明的种种表现是装出来的，所以当他用手去拍东条英机时，东条英机竟忍不住回头笑了，他们深知大川周明从一开始就计划好了捉弄法庭，并私下里扬言过法庭本身就是一场闹剧，他自己必能达到"无罪"释放的目的。

就这样，大川周明的确被盟军释放了。在人们意料之中的是，刚刚被释放，他病就完全好了。从此，大川周明就开始逍遥法外，而最令人气愤的是，对一般人而言，"人之将死，其言也善"，大川周明却正好与之相反，他不但从不反思自己的罪责，在临死之前他仍以得意的口吻向记者透露说："在法庭上，我是装的。"

应该说，面对如此卑劣的无赖，他的所为的确是对法律尊严的调戏，也是对国际法庭的嘲弄。大川周明本身是军国主义的鼓吹者，而他自己以狡猾的方式逃脱了对其犯下的巨罪担责，这在很大程度上向我们说明了日本军国主义的外强中干——看似很强大，实则很卑劣的事实，没有什么道德约束，更没有什么正义可言。大川周明虽然逃脱了审判，但其必定逃不了人类良知对他的审判。

聚焦点四：刑罚执行。审判缺憾，前已言及，而由于审判前后均是由美国操纵着追责之权和执行之权，所以不仅使应追责的人没有被追责，而且使已追责的人弱化被行刑，呈现出了缺陷中的缺陷。须看到的是，无论是远东国际军事法庭对甲级战犯的审判，还是南京、上海等地几乎同时展开的对日本乙丙级战犯的审判，宣告量刑是一方面，具体执行又是另外一方面，因为美国和国民政府的包庇纵容，除部分罪大恶极被立即执行死刑者以及因胆小受怕而患病死于狱中者外，其他战犯大都得到了陆续的赦免、减刑和假释。

须指出的是，日本对中国侵略的时间最长，对人民欺凌的程度最深，但国民政府对战犯的惩处却还不如其他一些遭到日本侵略或与之交战国家所设的军事法庭的惩处力度。不仅如此，国民政府还曾派遣海军分批次地将战犯"护送"回国[1]，导致了战犯们名义上有罪、实质上逍遥法外的恶况的出现。而尤令人气愤的是，蒋介石出于反共需要，在其授意下，上海军事法庭竟然宣判罪大恶极之日本侵华派遣军总司令冈村宁次"无罪释放"，并委派其带领投降的日寇向共产党的部队发起攻击。可以说，这样的所作所为如何对得起百姓们的冤屈苦难，又如何对得起烈士们的

1　马振犊.《侵华日军暴行与纳粹暴行比较研究初探》,《南京大屠杀史研究》, 2011（3），第13页。

在天之灵！人心向背，也由此可见。

聚焦点五：法官组成。对于远东国际军事法庭的法官，先应予说明的是，一些虽与日本宣战，但其百姓并未受到日军荼毒的国家，他们是想象不出，也体会不到中国百姓的万般惨状的，因此，置身事外的普通审判眼光不能担当惩处战争罪恶的公正需要。也就是说，对于这种对人类犯下滔天极罪的审判，是不能存在审判"回避"的，因为侵略犯罪的犯罪对象虽然是一国之"民"，但还更是人类之"人"，所以，如果要在绝对意义上来严格适用回避，只要是"人"那就应回避，那么难道还应在动物园里找个动物去坐在审判席上吗？这种逻辑显然是荒谬的！

同时，法庭的调查依据终究是纸上的语言文字，西方的固有思维也往往是局限的就事论事，他们很难体会到我们中国人那种将心比心的心怀情感，尤其是侵华日军践踏中国传统的"万恶淫为首，百善孝为先"的精神文化时——当着丈夫，奸杀妻女；当着儿子，奸死母亲，如此的大逆行为，焉能以局外人来审判？而这种情感上的缺位也势必造成审理上的不公。

在这里，不得不提及远东国际军事法庭的印度法官——巴尔，他是唯一主张所有被告应全无罪释放的法官，他的理由是，个人不应对国家的行为负责，其意思是指，侵略行为是国家行为，国家作为抽象主体可承担道歉和经济赔偿等责任，而国家中的个人，即使是进行侵略的最高指挥官也不应对国家的行为负责。由此，他认为对日本战犯的审判是不公的，是胜利者对失败者的判决。对此，我们应该说的是，国家由人集合而成，且国家行为往往由领袖意志所决所施，绝没有完全脱离"个人"的所谓的"国家"，因此，不能将个人所施的侵略暴行以金蝉脱壳的方式而推给一抽象的概念——"国家"。

另外值得注意的是，巴尔在思想上似乎信佛，他始终执着于慈心不杀的佛法理念，但应该说，他的所行绝非是佛家的慈悲，反而是魔家的一路。因为佛法重实质不重形式、重精义不重教条，"一文可消千劫之罪，斗米可种无涯之福"，主观的宽恕未必是实质的慈悲；表象的杀伐也未必是本质的杀生。应该说，一个真信佛人，面对对无辜众生犯下了如此弥天大罪的人，他必定会以"我不入地狱，谁入地狱"的发心而处决这些罪犯，因为他不是为了杀生而杀生，而是以自己的杀生来换来世人的警醒，防止人们再重蹈侵略恶行，从而杜绝更大杀戮！这也正如中国古人所讲的："生杀异施，而莫非一体之念；惨舒异用，而莫非曲成之人。"反之，若局限于小我的不犯杀戒，却因此而放纵罪犯、错误姑息，这只会催生更多有着军国思想的战争狂人去发动战争，势必会使世界和平受到破坏，更多生灵遭到荼毒，而这岂不是更大的杀生和罪过吗！可以说，近年来日本右翼的不断猖獗就是酿成未来战争的绝大隐患，而法官巴尔显然没有看到这一层。

因此，可以说，巴尔的信佛是假信，而非真信；是迷信，而非正信，是以主观认识而浇灌邪恶的信，只知不能杀生，殊不知这样更是杀生；只知不能犯戒，殊不知如此更是造业！他以先入为主的僵化思维，裁决事关天理的重大审判，当然是荒谬绝伦、很失公正的。由此可以认为，巴尔他既对不起法官的公正职责，也对不起佛家的慈悲义理，而我也不禁要为数千万被荼毒惨死的同胞鸣不平，其苦难冤屈竟被一如此狭隘的法官裁判，不公正性，可见一斑。而还须提及的一点是，在远东国际军事法庭的法官组成上，还有一些法官根本不了解日本的侵略恶行，有的法官也并不把眼前对战犯的惩处当作人类公理的追求，而仅将其作为上级指派的工作。事实证明，其他国家的法官也确实不能像我们中国法官梅汝璈先生那样，为了正义，鞠躬尽瘁、死而后已。

聚焦点六：主体责任。侵略战争的主体责任应该是抽象的，还是具体的？也就是，到底应以侵略战争的所有责任人作为追责对象，还是应以虚拟责任人（名义上的"国家"）作为追责对象？对此问题，答案当然应该是前者。绝不能把人为犯下的滔天罪恶全部金蝉脱壳地推给一名义名词——"国家",由"国家"进行经济赔偿或赔礼道歉了事,然后直接犯罪人逍遥法外,由其终老。可日本战犯们在审判开始之初就提出了要以国家名义承担罪责的这种无耻幻想。他们毫无廉耻地销毁证据、毫无担当地抹杀所为,甚至还认为3000余万惨死的中国生命赔点钱就能完全了事!对此,我们需要说的是,即使是几亿、几十亿乃至几百兆亿最有价值之货币,也不能抚平在日本侵略战争中一个日本士兵对一个中国家庭、一个中国百姓的荼毒与践踏,更何况是在战争中所牺牲的3000多万同胞之生命!同时,日本战犯们很少能有袒露自身罪行的,赔款在他们看来也不过是堵住众人之口、做个了结而已的手段罢了。而从法律公正的角度看,几百兆亿的银钱也不能抚平一个百姓的伤痛,更何况是那么多被害惨死的生命。所以,战争的主体责任当然应是具体的。

那么,既然是具体的,具体到什么程度呢?是只要对施暴罪行中的指挥官进行惩处即可,还是应对全部有责任的犯罪士兵也进行惩处呢?我想,仅仅追究指挥官的责任是明显不够,也是明显不公的,因为直接施暴的日本兵都是有是非判断能力、清楚自身所为的人,日本天皇肯定不会选一群精神病患者上战场。既然如此,如果放任具体施暴之人不负责,那岂不是太过颠倒是非、太过放纵犯罪了吗？所以，侵略战争中对暴行的追责要具体到每一个施暴之人，既不能推给虚拟的名词——"国家"，也不能止于士兵的上级——"官长"，而要从负有战争责任的"最上层"到实施战争暴行的"最底层"都一律予以惩处。

但我们需要看到，在远东国际军事法庭追究日本侵略战争的主体责任上，犯的就是这种错误。单是南京大屠杀侵华日军就荼毒了我们30多万同胞，但战犯们直接受到法律追责而被处以死刑的，却只有4个人（即松井石根、谷寿夫、向井敏明和野田毅）。我们不禁要说，天平两边，一边是被绞刑或枪决的仅仅4个禽兽，一边是被践踏虐杀的30多万百姓，就是这样的明显失衡、重大不公，美国却仍以自身作为砝码而强站到了战犯一边，包庇放纵了许多战犯。而那些直接施暴的日本兵也大多都是懦夫，自始至终没有一人敢主动到军事法庭为自己在南京大屠杀中所犯的罪恶进行忏悔、担责。由此，从一定意义上看，侵华日军的勇敢其实都是假的，他们只敢三人成虎地犯罪，却不敢一人站出来担责。同时，对南京大屠杀这样惨绝人寰的暴行追责都尚且如此，对其他各地暴行的问责也就可想而知了。在美国的操控影响下，也在烦琐的法律程序和有限的司法力量下，最终无论是远东国际军事法庭还是其他各地军事法庭，对犯下暴行的日本兵大多都未追究，犯下巨罪却逃过惩处的人应当说是大有人在。

正如孙立人将军所讲，凡是到过中国的，没有一个日本兵没有犯过罪。那么既然日本鬼子明明全都犯了罪，且时间长达八年之久、暴行遍布半个中国，面对这样的滔天巨恶本就不该讲什么具体的证据，这是没有疑义的，因为很多证据都被毁尸灭迹了，在屠杀中往往没有人证，因为所有的人都被残忍地杀害了，何谈什么"人证"呢？而那时军事法庭的审判犯的就有这种错误，因为对程序正当的绝对僵化就必会造成实体公正的大量缺失，审判的精神就完全违背了法律公正的底线要求，也全然枉顾了被害惨死的无辜英灵，在美国主导下的审判，没能达到惩治罪恶、教育后人的意义。当然，审判诚然不能是报复，但至少也要能起教化作用。起不到任何警醒作用却助长恶行气焰的审判，我们只能说这是历史留下的遗憾。

当然，远东国际军事法庭的审判也是有其意义在的，审判正式确定了"违反人道罪"，将对无辜人民的屠杀以及不顾人道的行为都确定为了犯罪；审判的各项判决书等法律文件，本身就具有不可动摇的权威性，是日本法西斯的暴行铁证，今天的日本右翼分子再说破大天去也不能动摇他们对周边国家的侵略事实和所犯下的滔天罪行。而正如法官梅汝璈先生所说的："历史不容忘却。"的确，忘却历史就是一种背叛，对此我们应衷心铭记梅汝璈、向哲浚和倪征燠等先辈们在东京审判中的努力，正是因为他们，才判处了7名战犯以死刑，要不然我们3000余万同胞的生命连7条日军战犯的狗命都换不来！同时，我们也要衷心铭记在南京大屠杀以及其他一切日军暴行中挺身而出救助中国人的人士，如魏特琳女士、约翰·马吉和约翰·拉贝等外国友人，他们不顾安危的救人身影永远铭记在中华民族的记忆之中。

而我们还不禁要说的是，侵华日军标榜"武士道"，无论"武士道"的内涵是什么，通过史实来看，日军对无辜百姓犯下种种暴行，并在战场上使用细菌、毒气等完全不对等的武器攻击中国守军，种种作为都只是他们魔性的证据和懦弱的表现。再加之如前所言的，天皇裕仁、其他皇室成员和那些高级将领们在战后即将面临惩处时的怯懦表现，也着实让人大跌眼镜，平常展现的威风不过是骗人的"走秀"，真实的他们是为了自保而通过各种名目来否认和篡改事实，实在是敢做不敢当、胆小如鼠辈之人（当然，前面也已经说过了，天皇裕仁和其他皇室成员，例如南京大屠杀的主要责任人之一的朝香宫鸠彦，全部因为与美国的肮脏交易而逃脱了审判）。可以说，通过侵华日军的前后表现，给人的感觉是他们完全没有武者的底线，所谓的"武士道"不过是一种"酒壮尿人胆"的假把式、假招子和假幌子而已。与之相反，无论是正面战场的国军会战，还是敌后战场的游击武装，中国军民那种艰苦卓绝、血勇向前的无畏精神才是真正的勇者之风。同时，我们中国人民的抗战是为民族大义而战、是为宇宙公理而战，是有着侠义精神的支撑和壮士赴死的风骨的，而这正是我们中国人与生俱来的侠骨之所在，也就是超越于"武士道"之上的属于我们中国人自己的"侠义道"！

三、日军屠杀较之纳粹屠杀残忍万倍

　　侵华日军和德国纳粹在实施侵略过程中都进行过屠杀，虽然都是屠杀，结果也都是致死，但两者在方式上截然不同。受难者从被敌人迫害到最终的死亡中间，其所感受的痛苦程度也是有天壤之别的。应当说德军纳粹对犹太民族的屠杀诚然令人发指，相比之下，侵华日军对中华民族的屠杀则更为残虐，更多的是在发泄他们的魔性兽欲，在暴行的程度、暴行的规模、持续的时间和虐杀的手段等各方面，都较德军有过之而无不及。

1. 暴行手段不同

日军屠杀与纳粹屠杀的不同之处，就是日军暴行要远为残虐，正如梅汝璈先生所言[1]，纳粹屠杀是单纯的屠杀。日军的屠杀则是"举凡一个杀人狂所能想得出的最残酷的杀人方法，他们几乎都施用了"的虐奸和虐杀，暴行手段与德军明显不同。实事求是地说，割生殖器、刀插阴户和腰斩砍头等极端凶残的杀人方式在侵华日军所到之处比比皆是。

而据历史学者的不完全统计，侵华日军荼毒中国军民的杀人手段至少存有250种，集合了古今中外杀人大全，手段极端残虐、惨无人道！我们仅从德军和日军对待一国首都的方式也能见出德军和日军的迥别所在。可以说，德军侵入的欧洲各国的首都，没有一个像南京那样被攻入的日军活活杀成了血流成河、尸积如山、名副其实的人间地狱，到处都是中国人惨痛的呼号，到处都是日本人疯狂的淫笑，这种惨况连当时留在南京的纳粹德国使馆官员都忍不下去了，他们在给德国纳粹高层的报告中直接形容这些日军："整个日本皇军就是一个'兽类集团'！"

战后，国民政府历时三年进行了遇难者的人数统计，据保守

---

1 梅汝璈.《梅汝璈法学文集》，中国政法大学出版社，2007年版，第400页。

统计，南京大屠杀，被集体屠杀的难民共有19万余人，再加之分散的屠杀，遇难者至少有30万人。另据今天历史学家们的估算，如果将南京大屠杀的遇难者们全部都装入火车车厢，他们的尸体至少可以装满2500节的长式火车厢。[1]

此外，日军残虐的另一个重要方面是，他们秘密进行了多年的活人试验。以"七三一部队"为例，正如前面所言，他们的所谓"试验"，不过就是用中国百姓作为活体工具来满足日本军人的各种杀人狂想、制造细菌武器的手段。而那些受迫害的无辜中国人民死时的惨况连动物都不如。

日军将他们通过残虐的活人试验所制成的毒菌武器和带有传染病菌的鼠类、跳蚤等，大批量地投放在了中华大地上，造成很多地区瘟疫横行，中毒致死的中国平民不计其数。而尤为卑劣的一点是，每当侵华日军在与中国守军的战斗中处于劣势时，他们就施放毒气，并无耻地在中国将士附近的水源中投放各类病菌，造成了缺乏防毒装备的中国军民的大量死亡。"据统计，抗战时期，日本在中国的24个省市播撒过细菌和瘟疫，死伤中国军民

---

[1] 马振犊.《侵华日军暴行与纳粹暴行比较研究初探》,《南京大屠杀史研究》, 2011(3)，第13页。

100万人以上，其中仅在鲁西南就死亡了22万人。日军的罪行真是罄竹难书。"[1]

2. 实施方式不同

德军官兵虽然也行屠杀，但由于他们所成长的欧洲人文环境以及严明的部队纪律意识等原因，诸多因素都对他们起到了一定的约束作用。所以，即便是屠杀，他们也很少随时随地地在普通占领区或难民避难所进行无所顾忌的施暴。他们常常是排着整齐的队伍在街上巡逻，或者在追捕犹太人后，把他们抓往集中营以便有秩序地处死，对不服从的才会当街枪毙。也正因如此，德军屠杀通常是在监狱中按照上级指令集中实施的，这也就说明，即便是屠杀，他们也是有纪律约束的。而对比起来，日军则明显不同，他们在中华大地上，所到之处，虐奸虐杀，为所欲为，毫无一点羞耻，更无一点顾忌，什么所谓的约束，根本就无从谈起。因此，日军屠杀都是集中和分散交织进行的，也根本不区分战斗人员和平民百姓，反而越是对待平民百姓，他们越要杀人取乐，这也就造成了无数杀人狂魔把能想

---

[1] 马振犊.《侵华日军暴行与纳粹暴行比较研究初探》,《南京大屠杀史研究》, 2011(3), 第20页。

到的自古以来的杀人方式在中国人身上都用尽的惨况。再从屠杀的规模看，光是日军屠杀中国人民的人数就比德军在整个欧洲屠杀的人数要多得多，3500余万中国人的生命，就被他们如此凌虐、践踏。

引史实为证。原八路军政委聂荣臻在百团大战中曾抚养了两个被救出的日本弃婴，并把她们送还给了日方。当时那感人的场景，被八路军的战地记者沙飞拍摄了下来。可后来，这名记者却疯了，为什么呢？是因为他目睹了大量中国平民儿童惨遭日军虐杀的残酷场景，患上了间歇性精神分裂症。

潘家峪是河北省丰润县（即今天河北省唐山市丰润区）的一个山村，抗日战争全面爆发后，八路军在这里组织成立了抗日根据地，潘家峪也成了抗日堡垒村，不屈不挠地开展敌后抗日工作。潘家峪人民的斗争强烈地刺激了日本侵略者，他们必欲灭之而后快。

1941年1月25日，如潮的日军从四面八方逼近潘家峪，他们在攻入村子后，立即抓捕村民讯问八路军的去向，村民们守口如瓶、坚贞不屈，恼羞成怒的日军随即开始对全村村民，包括婴儿和幼童，展开了丧心病狂的屠杀。而就是这名曾拍下聂荣臻将军送还日本儿童照片的记者，在日军进攻前，他所在的队伍正烧开水准备做饭,在得知日军进攻的消息后,他们立即转移到村外,准备等待时机进行反攻。可等日军走后,当他们再回到村里、再回到那烧水做饭的地方时,所看到的则是令人发疯的一幕:两个中国幼童被日本兵活活煮死,而他们的母亲则全身赤裸地——显然是被禽兽日军先奸后杀地用刺刀挑死在了门口!面对这惨绝人寰的惨况,强烈的反差怎不令人发疯,魔鬼的日军又怎不让人发疯?!

3. 残虐程度不同

在残虐程度上,虽然纳粹德军也有许多杀人方式,但其除进行枪杀外,最主要的手段还是关入毒气室进行屠杀。客观地说,毒气屠杀肯定会给遇难者带来痛苦,但痛苦程度不同于日军所进行的砍头、刺眼、腰斩、割生殖器等极端残虐的屠杀。同时,德军绝少是为"取乐"而屠杀的,但日军有很多都是为了"取乐"而屠杀。

在性暴行方面,纳粹德军在战争中虽也有强奸妇女的,但必须指出的是,希特勒出于他"种族优越论"的考量,担心德军士兵若对所到之处的"劣等民族"妇女实施强奸,会混乱"日耳曼民族的血统",降低日耳曼民族的"优越性",曾明令禁止强奸,对其士兵的性行为也做出了明确限制。所以,纳粹德军所到之处，由于其高层的严格限制，在性暴行方面，德军所为则比日军的少得多，更不会出现日军那种对中国妇女所普遍实施的极端虐杀取乐的现象。

在残虐程度上，日军最常用的方法就是凌虐人体，凡是人体的部位，无论男性、女性，也不论大人、小孩，日军从来都是随心所欲地刀割取乐。而在一些地方，有很多日本兵在厌倦了以往的杀人方式后，竟争先恐后地开展了杀人方法的创新比赛，发明了许多古今中外最为残虐的杀人方式。从史实来看，在江浙等地，不少日本兵在屠杀中国人时，常常是把数根腕口粗的毛竹拉弯，然后用刀从中国人的肛门里把肛肠挑出，系在毛竹的顶端，随后立即放手，任由毛竹弹起，此时，竹子的巨大弹力一下子就会把人卷飞出去，而人的肠子、内脏等就会都从肛门抛出，遇难者惨状，惨不忍睹，而日本兵们见此，则都非常高兴。

同时，日军较德军除在杀人方式上的变态外，还有就是在性奸杀方面的变态。日军特别喜欢在中国男性面前轮奸他的女性亲属——他的母亲、妻子或女儿，并常用这种逆伦方式取乐。如此的残虐暴行在当时的中华大地上比比皆是。

而在对待宗教人士上，日军的所为也与德军明显不同。纳粹德军的士兵，诚然有许多不信仰宗教的，但宗教毕竟在欧洲绵延了千余年，因此，耶稣基督也会以道德的监护者出现在德军心头，约束着士兵所为。但日军则截然相反，越是对待出家僧侣，日军就越要用其"取乐"，常常是遇到僧侣就逼其去奸淫女性，受害者稍有不从就会立即被割生殖器或者直接残害致死。更有甚者，有日军在侵入南京后，在近郊的栖霞寺大雄宝殿内，在诸佛菩萨的神像前集体强暴中国妇女。这种践踏中国文化、灭绝伦常的行为，已然达到"极致"。

总之，日军暴行，罄竹难书，他们对中国人民犯下了一笔笔惨绝人寰的滔天巨罪。人们都叫日本兵为"鬼子"，说句老实话，我觉得魔鬼都不忍心做的孽，日本兵都做尽了；人们都叫日本兵为"畜生"，再说句实话，畜生的行为不能以善恶来衡量，无善也无恶，用"畜生"形容他们，实在太污蔑"畜生"这个词了。同时，讲句题外的话，动物不具有为"善"的期待可能性，也不具有行为的道德可谴性，不能从善恶的标准来评判动物的行为。因此，从严格意义上言，"兽性"一词，本不适于形容人的恶性，但自古以来，人们都将作恶多端的人称为"畜生""禽兽"。但对于特别是像侵华日军这样，既不能说其是"人"，也不能说其是"兽"的，姑且只能称它们为"魔"。

而最令人愤恨的是，战后德国对自身的反省可以说是比较诚实的，对其暴行的揭露和罪恶的忏悔也能坦诚无欺；而日本则是截然相反，总是通过各种篡改和伪造来掩盖其罪行，而再加之美国的包庇，在客观上更造成许多国家，特别是西方国家的人民，对日军暴行根本就不甚了解。同时，由于清算到位，纳粹已经没有复燃的可能了，德国法西斯的罪恶已基本被清算；相比之下，日本从未正视过自己的罪恶，日本法西斯的暴行也始终未清算，而这也就造成了军国主义阴霾始终笼罩在日本岛国之上，由于前人可以犯下罪恶而不负责，所以今人也更加无顾忌，日本右翼势力始终在膨胀扩散，随时都可能给周边国家的人民再次带来灾难。

从张纯如女士的遭遇就可以看出，这种军国阴霾的潜伏，可以说，日本军国分子的那种卑鄙，不仅过去如此，并且今日依旧。南京大屠杀的历史研究学者张纯如女士，在写其著作《南京暴行：被遗忘的大屠杀》时和书籍出版后，都曾接连收到过日本右翼的恐吓信，扬言要杀她和她的家人。在这种长时间的恐吓刺激下，张女士的压力越来越大，终患抑郁症自杀，而她在留下的遗言中就这样说过："我觉得被什么组织盯上了""我走在街上被人跟踪，无法面对将来的痛苦与折磨。"在接二连三对其和其家人的恐吓下,张女士最终选择了自杀。[1]

所以,不清算侵华日军的旷古暴行,就始终不能动摇军国主义的思想根基,而这正是全世界爱好和平、崇尚公理的人民的共同任务。

总之,至此可以看出,纳粹是疼痛有限的屠杀,而日军则是惨痛无限的屠杀。纳粹屠杀常是毒气和枪杀,从开始动作到最终死亡,时间间隔相对较短、痛苦程度亦相对有限;但是日军的屠杀却是想怎么杀就怎么杀,其酷虐程度超乎想象,残忍程度无法言表,造成了自宇宙形成以来、地球形成以来以及生命形成以来,人类所犯下的最大邪恶、最大卑鄙和最大的无耻!

我们不禁要呐喊:国人!国人!勿忘!勿忘!勿忘历史就是珍重未来,日本侵略者以极为残虐的手段荼毒我们数以千万的同胞,来满足他们的淫欲、虚荣、征服等野心,实在是卑鄙之至。而天皇裕仁,他作为生命的存在虽然已经死了,但其作为历史的存在却依然鲜活在那里,以一主导侵略的滔天巨罪却并未受审判、反而逃避制裁的姿态,鲜活在那段历史的光影中。可以说,

---

[1] 马振犊.《侵华日军暴行与纳粹暴行比较研究初探》,《南京大屠杀史研究》,2011(3),第20页。

这是人类法治的悲哀、人道公理的悲哀，更给人类未来之和平埋下了巨大的隐患。我不禁要为3000余万被日军荼毒惨死之同胞鸣不平，也不禁要对犯下罪责却逃避制裁之战犯予大唾弃！对此，我们全世界所有爱好和平的人们必须团结起来，共同停止这段文明史上的绝大悲哀、共同改写充满美日交易的历史，宣布天皇裕仁有罪，来告慰那些惨死同胞的冤魂，也告诫那些还欲侵略的分子：对于战争元凶，即使活着时逃脱了审判，死之后也逃不了人类正义之剑的审判。

同时，我们国人也更要自立自强，绝不能再让日本军国分子以过去荼毒我国人之手段再荼毒我们今天之国人。我们要铭记那些牺牲在抗日战场上的无名英雄们，抗击日本侵略者的中国军民万岁！和平万岁！正义永存！公理必不朽！

人性

人性，也就是人的进化性，是人在自然存在、无所顾忌的基础上所产生的一种自觉存在和道德拔节。本部分阐释三个内容：先是语言，因为语言是历史文化的生成因素之一，无语言则求知无路向、文化无传承；然后是求知；再者是文化。

第三章　文字

文字，是人类用来阐明思想的书写系统，其固然依附于语言，但是作为书写的体系，亦自有其特点。文字产生以前，人们经历了长期以各种实物、符号等原始表意的阶段，经历了由"图符记事"到"字符记言"的演化。但是，需要看到的是，语言的产生不足以使人实现由"自存的存在"向"自律的存在"迈进；文字最重要的作用是突破口语维度的局限，由"语言"延伸至"思想"，由"交流"进而至"交心"，并使"思想"和"心灵"不建立在转瞬即逝的口舌发声上，而建基在能传致远的物态表征上。由此，论及"人性"，需先探讨文字，有文字进而才会有求知的真诚和文化的璀璨。

一、从外来看：文字承载的侧重

"要言不烦"，本部分意在阐明不同的文字，其所带来的文明侧重是不同的。从历史来看，东西方文化不同的后面，诚然有诸多原因，但"文字"也是造成不同文明纵深的重要方面。应该说，一种文字排列组合之最大限及其所给人的心灵承重是显然不一样的，而随着时间河床的积淀，一种文字的音位、语义以及对人类心灵的触及深度亦会有所不同，在该种文字下人的思想关注点和对人的心灵触及度也有着明显的差别。

1. 汉字的人格生命

其他的语言文字，以英文来说，由该种文字本身的先天构成所定，西方人绝少能以汉字对偶的方式来表达对"心"的体悟。例如，"主敬存诚，坦荡荡天空地阔；穷理尽性，活泼泼鱼跃鸢飞"，尽管西方文字也能表达此意思，但因为失却了对仗的美、失却了微言大义（以简约文字，阐述深刻道理），就使得在西方文字规约下人的思考方向是更多偏重于外的，虽然其也有向内而求的思考和教化，如宗教等，但其都是在"心"外有一异于"己"的强力或神世在，并不能完全达致如中国文字那般纯对"心"的体证。所以，从此意义看，西方文字是"以物为依"，而中国文字则是"心能转物"的。

再加之中国文字文言的韵美，写出的文字韵律与能书写者的心境频次交融为一，同样的思想以中国特有之文字组合表达出来，文字的能量已远超过其所要表达的思想本身，而产生出在此种思想方向下无比深邃的力量，直指真如、天成一体，如："倚天照海花无数，流水高山心自知。"但如果仅将这句话的意思表达成："站在高山之巅，看着浪花纷繁，心内高山流水的境界只有自己知道，而旁人很难理解。"试问这样的表述还有什么蕴藉呢？同是一句话、一个意思，西方文字鲜能以对仗的方式表达出如此的精蕴，可以说以中国文字所表述出的思想天然就承载了一种"人格生命"，而使文字与人心合一。

同时，中国文字在提振人心上也有着非同一般的功用，例如，在抗日战争期间，我国著名的海军将领陈季良将军就告诉全体将士："在陆上战场，人人要有马革裹尸的雄心；在海上战场，人人要有鱼腹葬身的壮志，坚持用最后一发炮弹、最后一颗鱼雷换取敌人的相当代价！"应该说，当时我国海军与日本侵略者的海军在吨位、装备等方面是根本无法抗衡的，我们所依的唯有牺牲到底的精神和不畏强暴的信念，而须说的是，精神信念之产生即离不开中国文字的能量。可以设想的是，如果其他不变，只是文字不同，也就是日本在当时侵略的不是汉字的中国，而是操持英语、法语等其他文字的国家，那么抗战很可能会持续更久，因为其他语言文字难以提振起四万万人以心灵最深的共振，难以唤醒中华民族以心灵最深的悲愤。

而还须看到的一个向度是，正是因为文字不同，西方以英文为代表，重语词的连贯；东方以中文为代表，重意涵的广大。因此，前者重逻辑，而我们重境界。重逻辑体现在他们词与词之间在接续上的不跳跃，而汉字则与之不同，如："海纳百川，有容乃大；壁立千仞，无欲则刚。"简单数语所表达出的思想精义是英文需用长篇文字才能既将表象实景述说到位，又将承运心境述说清楚的。同时，如果硬将这种心境以英文翻译，西方人很可能难以接受，因为在"悬崖峭壁"和"少私寡欲"间缺少英文语素中的逻辑连贯；而我们汉字则不同，两者间有一种"此处无声胜有声"的境界凌跨，其美感、深邃不能以单纯的逻辑而达致，而只能以经年的修为去体证。

由此，西方的数学、物理很谨严，而中国的哲学、艺术很深邃。当然，我亦承认西方哲学的广博，但因为语言的阻隔，西方却根本无法理解中国先秦诸子、佛家经典和阳明心学等的思想精髓。因此西方学者在评论中国文化时就很片面，甚至可说是永远有遗憾、永远不见"道"。而还须说的是，中国文化的深刻内涵离不开其殊有的文字，而西方文化则不同，即使脱离其文字亦不影响对之的理解。

所以，中国思想的伟岸是不能仅站在西方固有的语位上就能理解恰确的。再进一步来说，当西方看待中国文化时，其出发点往往是从理论甄别的角度出发，构建一种"逻辑域"，认为这是唯心的、那是唯物的等，而应说的是，这种西方思维中理论标签的"割据"，恰恰就是中国文化里修为体证的"割裂"，当西方学者在以理性把握的视域"介入"中国文化时，就已是在走偏差了。"佛向性中做，莫向身外求"，可以说，中国文化离不开汉字本身，而少能以"翻译"达致，西方文字在解读中国文化时缺少由文字而直摄人心的力量。同时，"本来无一物，何处惹尘埃"，为什么西方信仰佛家的人较少，诚然有历史沿革等因素，也并非是佛家情怀不深切，而是在很大程度上，因语言文字的不同而造成精义理解的障碍，西方文字缺少文言汉字那般以韵美之文而阐述深刻之理的能动。

从微言大义的意义上来说，一个我们多曾有过的生活体验是，一个经常读好书的人，正如古人所谓"粗缯大布裹生涯，腹有诗书气自华"，而之所以能有气质之华韵，在很大程度上就是因为文字在加持着心灵之山水，特别是我们中国的文字，古人大都读那些沉淀千载的先哲经典，而总是以"仁者""君子"等词汇入眼时，无论古人是否记住了原文语句，单这些语词即会以潜移默化的方式影响到人的见闻觉知、增益他的心灵承重。应该认为，这也就恰似"登楼忘梯"——明明在精神境界更上一层楼了，但未必会记得这层楼自己究竟迈了多少台阶。可以说，正人心的文字就恰似一层楼的阶梯，也正是在此意义上，"胸怀文墨怀若谷""最是书香能致远"。思想，毕竟是要予人以境界、致人以崇高的，西方的不少学人时常构建一种"假逻辑"而唬人，终在文明上无益。

而若将我们的眼光再放远一步，还要看到的很关键的一点是，世界四大文明之国度——印度、埃及、希腊和中国，前三者都应冠以"古"字称之，唯有中国文明不能称作是"古中国"，我们需要问：缘何如此呢？原因诚然是有多方面的，但其中一个很重要同时也易被忽略的原因，正是汉字的灵性、汉字本身的未曾中断，而造成了我们文明的绵延。这种"汉字灵性"的一重要体现就是我们中国人的书法艺术。

2. 汉字的灵性归结

汉字灵性的重要体现就是"书法"。"书法"可说是中华民族"天人合一"理念的书写归结,"天",即是毛笔,是客观的;"人",也就是"自己",是主观的;"合一",则是使毛笔的性能和我手的运动达致高度的融合,"使主观与客观并存、相对与绝对等立"[1],进而为"一":"我手写我心""心正则笔正"。应该说,中国的书法本相就是人的生命态度,文字的型构蕴含了生命的追求与翰墨的精神,这种精神既是一种与天地精华相往来的审美意趣,亦是一种与世俗精神相抵拒的崇高向往。总之,书法所表现、所给予人的精神力量是其他的语言文字所无可比拟的。

进言之,书法之美在于其表现生命之蕴,须看到的是,中国汉字是字体和书体的结合,书体大要分为:篆、隶、草、行、楷五类,而不同的书体均在以各自的气韵而表现书家的心灵之景和精神之域。可以说,这是汉字所独有,而其他文字所皆无的。汉字,不是简单的符号结合,亦非机械的笔画拼合。书法在一定意义上,是在《兰亭序》般审美架构的顶层设计和最基本的书写规范的底线思维的合力下所共同构成的艺术。在这方面,应该看到,中国文字是面积体的,即占有一定的空间,而其他文字大多是横条形,缺少时空纵深度;中国汉字中抽象的"点、线、笔、

---

[1] 钱穆.《人生十论》,九州出版社,2012年版,第12页。

画"亦恰似有生命的"筋、骨、血、肉",不仅具有线性美,更具有几何美;再加之书法的力度、节奏和形态等,这就使中国的书法是凌越时空、表现生命不息的意蕴的艺术。这就是说,书法诚然是写字,但写字却非尽然是书法。书法,不能脱离汉字的母体而存在,也不能脱离笔墨的工具而表达,但最重要的,其实还是书者自身。书法也正是在具有生命承载的"汉字"基础上,展现生命灵性、终而指向"心神"的艺术,在翰墨之间展现了书家心境,以浓淡枯实表现着世情冷暖,进而实现写者和文字的"天人合一"。

还须看到的是,人的心灵至美和人的情感极致常不是语言文字能企及尽致的,而书法则可以是人最深精神世界的一种表达,中国历史上最为卓绝的书法名作无一不是书家自身的心体流露,如王羲之的《兰亭序》、颜真卿的《祭侄稿》和苏东坡的《寒食帖》等。应该说,这些作品所含的文字信息意义只是一方面,而其所含的形构书写意义是作品完整意义上更为重要的另一方面,使后人不仅能从文辞句法上"读懂""写者"的思想,更能在书法神韵上"直指""书者"的心灵。也就是说,书法作为一种人与人间的心灵脉冲,是神交古人、不假雕饰的,实现了在书法媒介下超越时空的人类心灵的交感。

同时，也需要看到，人的思想高处也是不必依于语言的，语言有时亦难以恰确地描绘清蕴含着深刻觉解的思想，所以，不是对文字有娴熟的驾驭技巧就能说其有深刻的思想建树的。而这就使人不禁要问，那文字的最深底蕴到底是什么？对于这个问题，从某种意义上应该说，不是文字本身，是在文字之上而又超脱文字，使文字能内化为个人、家庭乃至民族的一种气节和正气，能俯仰有情，而不是人心冷漠；能俯仰无愧，而绝非外正内邪，从而能在静默陶冶中提振一民族"钟鼎在堂"的浩然之气，这才是文字的核心意义之所在！而书法，即是撑持这种意义的方式，我国的书法艺术所承载之磊落巍峨的文字气节可说是中华民族传统伦理的造型反映，它让一代代文人们不停地追问所写的是"文章"还是"蚊蟑"，骨子里是"脊梁"还是"伎俩"？从而对人心有一种"沁人心脾"的整建，体现为中华民族"富贵不能淫，贫贱不能移，威武不能屈"的人文精神。

总之，圣贤千言万语，历史又浩繁厚重，但归根结底，文字所指向的，对个体言是一个人自省的自觉；对集体言，是一集体向善的能动。而这也正如古人所讲的："满腹经纶，不如一善住心；高谈阔论，不如一言九鼎。"这也可说是世间人类文字的绝大意义所在。

二、从内而观：文言、白话的再辨

　　文言、白话是指汉语书面的两种表达方式，两者之争，诚然已然是历史，同时白话的通行，也给我们带来了文明的普及，因为文字毕竟是用来表现思想的，文字的思想表现力正是其最根本的生命存续力。同时，精到见解的思想未必是文人的专利，不识字的人都不时会有一语中的的思想建树，因此，白话文就给了那些以往文言文通行时因写不出能传颂的文言，但能有精到的思想的人以机会，使他们不因为文字的斧凿之弊就把自己的思想废弃搁置，而能没有顾虑地完全表达出来。由此，应该说，在这一点上是不能本末倒置的。

　　但也要看到的是，历史的发展规律告诉我们，语言的发展是既有渐变性也有突变性的，而更多是渐变而非突变的，语言的变革与社会的发展在一定意义上也是同步的。而我们都知道，文言向白话的转变，是清末民初以来，特别是在"五四"新文化运动中汉语所发生的深刻转变，可以说，这种文白转型表面上看似乎只是汉语自身的路向不同，但实际上其是关乎世道人心向度乃至民族思想承量的一种深刻的变革，需要我们于此进行一文言、白话的再辨。

应该说，语言文字不仅是对话的工具，其语音可升至表意的高度、其排布可体现文字之韵美，而可以作为精神的健动、直指向思想之本身，在此点上看文言、白话是各有利弊的：白话简单易懂而文言严谨庄重，两者均具有表现思想的意义。但要看到的是，白话、文言作为在相同文字下（即都作为汉字的书面表达）的不同系统结构，白话的心灵整建能力和精神震撼能力则显不及文言或至少是带有着文言意蕴的语言能量的；同时，即使文言和白话在相同的思想高度上，白话也较文言对思想的美感有忽略、对思想的冲力有减缓，而不能十足起到提振人心的功用，而这也正是我们于此探问汉字语言路向的一个重要原因。对此，可通过回眸两个历史片段来继续深化思考。

胡适先生一生推崇白话，其1917年1月在《新青年》刊物上发表的《文学改良刍议》是倡导白话书体思想的第一篇文章，文中写道："吾以为今日而言文学改良，须从八事入手。八事者何？一曰，须言之有物。二曰，不摹仿古人。三曰，须讲求文法。四曰，不作无病之呻吟。五曰，务去滥调套语。六曰，不用典。七曰，不讲对仗。八曰，不避俗字俗语。"应该说，八个观点诚然有合理、恰确的意义在，但是，也要看到由此所引出的以白话为主的书面语体方式的不足，我们有必要通过一则公案来剖析。

1934年秋，北京大学，胡适先生在讲课时一如既往地对白话予以颂扬，就整体而言，虽然白话文此时已基本取代了文言文，但"返本"与"开新"间仍有着一定的张力、相衡。正当胡适讲得得意时，一位学生突然站起来声色俱厉地问："胡先生，难道白话文就丝毫没有缺点吗？"

胡适冲着他微笑着说："没有的。"

学生听闻此言后，情绪激动地反驳："肯定有！白话文语言不精炼，打电报用字颇多，由此花钱也会多！"

胡适听后沉思了一会儿，然后解释说："那不一定，前几天行政院有位朋友给我打来电报，聘请我去做行政院秘书，我不愿意从政，决定不去，为这件事我复电拒绝了。复电是用白话写的，也很省字。如若不信，请诸君根据我这意思，用文言文编写一则复电，看看究竟是白话文省字还是文言文省字。"

胡适说完这段话后，每名学生随即都开始认真地用文言文编写电文。15分钟后，胡适先生让学生们自动举手，报告用字的数目，然后从中挑选出了一份用字最少的电稿，电文是这样写的："才学疏浅，恐难胜任，不堪从命。"

胡适先生看后，说："这份复电的确写得简练，仅用了12个字。但我的白话电报却只用了5个字——'干不了，谢谢。'"

胡适进而解释说："'干不了'就含有才疏学浅、恐难胜任之意，'谢谢'既对友人费心介绍表示感谢又暗示拒绝的意思。由此看来，语言的精炼与否不在白话与文言的差别。客观事物是曲折复杂的，必须反复研究，才能恰当反映。而所谓的研究，也就是细心琢磨问题的中心所在，恰如其分地选用字词，白话文较文言文是更可省字的。"

此一历史片段可说是广为传颂的"文、白"公案，但是通过此一公案，我们所须思考的是，如果将"才学疏浅，恐难胜任，不堪从命"和"干不了，谢谢"仔细比较起来，不难发现，两者是迥然不同的，可以说传达的实质意义虽一样，但两者的"附加意义"则显不同。在我们中国的传统维范中，"谦卦六爻皆吉，恕字终身可行""常怀愧对之意，便是载福之气"，都指明了"谦"字的重要意义，由此日常交流的语言不仅单有指向意义，还具有附加内涵。"才学疏浅，恐难胜任，不堪从命"蕴含了一种主对客位的尊重、一种谦谦君子的蕴藉，但"干不了，谢谢"则与此不同，如果硬要说这五个字也有自谦，那么"谦"的程度恐怕是显不及前者了。所以，需要看到的是，白话往往是多重实质意义而忽略了"附加意义"的。

而如果说以上仅是人们日常生活中一些小事的缩影,对文言、白话的差别恐怕还不是那么大的话,那么,我们可进而通过历史上的大事来继续进行思考。抗战时期,有一句璀璨耀眼的号召,就是:"地无分南北,人无分老幼,无论何人,皆有守土抗战之责任,皆抱定牺牲一切之决心。"这句话曾给一穷二白的中国以振奋人心的力量,对此需要看到的是,这样以韵律排布的方式,当然要较同样意思的,如:无论是南方人还是北方人,无论是年老的还是年幼的,无论什么人,都有守卫国土、抗战到底的责任……如果这样表述下去,诚然意思是一样的,但给人的心灵震撼则显有不同。前者,人们会从心底升起一昂扬悲愤的无畏御侮之情;后者诚然在精神上也能对人有所触动,但很难使人产生前者那种心灵至深的、心向一致的共振。而由此也就可以说,文言或带有文言意蕴的文字有着白话所难能企及的心智能量,直指人心深处,让人大勇无畏、大公无我。

再比如,陈嘉庚先生于1938年10月28日从新加坡给当时国内正在召开的国民参政会发来了这样的提案,即"敌未出国土前,言和即汉奸!"提案言简意赅,却振聋发聩,给了当时暗图苟和的汉奸们以当头一棒,在海内外引起了强烈反响。而如果将陈嘉庚先生的提案改用白话,不以带有文言意蕴的体式表述出来,虽然也有力量,但其也必会失去原文本有的"凛然"之感;相反,如果我们再将提案回到文言的意蕴上来,表述为:敌人未退我国土,言和当以国贼论!一种中华民族虽穷苦落后但却不可践踏欺辱的"一寸河山一寸血"的悲壮之情就又跃然纸上了,而也正是凭着这种精神,中华民族取得了有史以来最为艰苦卓绝的抗日战争的胜利。

通过回溯以上历史片段,我们需要思考的是,同样作为汉语言文字的文言、白话,其背后到底是何原因,并因何路径而左右着文字能量的不同呢?对此,应该说的是,文言,可说是汉语言文字作为区别于其他语言文字而能给人以粲然启悟的书面语式,能实现精神向"精微"的迈进、语境向"心境"的化合。也就是说,文言能在触及人思想中那些微细"敏感点"的基础上由语境而建构出人的心境,以那特有的文字韵美直指人心,表达出其他语言文字以及白话这一语式所难能企及的深处。打个比方说:"穷达尽力身外事,升沉不改故人情"这句话,古人文句往往能直接触及我们有时最想说,但又不知该如何说的思想中的微细"敏感点",而古人以文言这种带有韵律、呈现大美的方式恰确地表达出来,由此就能直指人心的深处,而引发无穷的感喟,使人的大脑成像直指审美指向,进而建构出一由"语境"而架构的"心境"。

而也正是在此意义上，可以说，失却了文言传统的汉字，更多只有"信息交互"的意义而少有"心灵传输"的功能，虽然其也能"生产"知识文化，但在该种语式下所"生产"的知识文化却不再有古代经典那般"铭刻"的意义。可以不夸张地讲，文言是"汉字"之所以是"汉字"、"汉语"之所以是"汉语"的殊有的语言维范，失却了文言韵美的汉字文章无益于失却了"石牌要塞"的抗日战场[1]。同时，以儒家文化为主的中国文化认为："名不正，则言不顺；言不顺，则事不成；事不成，则礼乐不兴；礼乐不兴，则刑罚不中；故君子名之必可言也，言之必可行也，君子于其言，无所苟而已矣。""于言不苟且"，可说是中国文化微言大义的基本要求，通过精微的语言而阐述深刻的道理、通过审美的文字而寄托无穷的蕴藉，这即是传统文言的魅力。

同时，也须看到的是，随着晚清由"守旧"到"开新"的转型，中国文化传统亦开始渐次发生了解体，特定的时空背景促成

---

[1] "石牌要塞"在今宜昌市夷陵区境内，位于长江三峡西陵峡右岸。1943年5月发生的"石牌保卫战"意义极其重大，是抗战的重大军事转折点，它挫败了日军入峡西进的企图，粉碎了日军攻打重庆的部署，遏制了日军肆意践踏的铁蹄，对中国抗日战争的胜利结局产生了深远影响，被西方军事家们誉为"东方的斯大林格勒保卫战"。

了特殊的改革图景，传统的文言语式也在此种从器物到制度再进而到文化的全系革新中产生了褪色。再加之西学东渐中许多新名词，如宪法、人权、民主等的传入，其大都非传统中国所固有，更在政治、经济、社会等方面震撼着人们的心神，潜移默化、习焉不察，于是许多志士仁人均开始将这些语词所勾勒的愿景作为他们的目标，当然，这也就在很大程度上使本已凝固的文言变得更沉默失语、更乏力以对。而再随着一批思想先锋的批判，人们随即开始对整个文化传统产生了质疑，认为：器物的落后为小落后，而文化的糟粕为大糟粕，传统的文言语式无疑就是传统的固有依凭，由此就开始质疑否定、全然摒弃整个文言传统的内部结构和历史功能。

这样的结果就是语言的转向，而这种对传统语言的彻底变革也就自然引发了"克己复礼""天下归仁"等传统的意义世界的深层次崩溃，由此也使国人的精神层域出现了重重的危机。对此，需要说的是，白话虽在很大程度上确实突破了传统的"文明困境"——文化路向的单一与思想普及之不足，但却同时又进入了另一个"精神苦境"——传统文化的流失与工整人心的之力。须清醒看到的是，书面语体由以往的"文以载道"日渐沦为了现下的"不知所云"，可以说，当前的道德滑坡就与语言的萎靡不振有着千丝万缕的联系。今天许多文字之所以打动不了人心、凝聚不起正气，就多是因白话"以语统文"的逻辑本质所定，语言的白话多少都会带来思想的"苍白"，甚至是人心的冷漠。总之，传统中国文人书写时所含蕴的人格前提没有了，由此就使我们今天不得不再思文言和白话的路向问题。

那么，我们今天该如何选择呢？应该说，在语式的选择上，我们诚然不能陷入晦涩的泥沼而不能自拔，当然也不能安于白话的浅池而不敢求进，理应有一合理的态度在其中。一个基本的原则是：不必过度雕饰，也不必故弄玄虚，在此基础上对偏重交流的事项，当然白话更简洁；但对偏重思想的深刻，还是文言有力量。当然，生活中的一个普遍现象是，写文言或写带有文言韵律的人很容易被人冠以酸腐的名号，这使我们不得不反思在中国文化背后所蕴含的一股浩然之气，也就是即便在冷嘲热讽、孤芳自赏的情况下，仍会有个别坚持"独立之精神、自由之思想"的人，虽然其理念还一时得不到人们的理解，但其能毅然与低俗相隔绝、与萎靡相抗争；虽然其一时无法成为引领路向的力量，但亦不允许浩然的文化正气而断绝，并将此种文化之精神存储在孤独的心中，等待合适的时机再呼吁。

当然，这里也绝非讲白话一无是处，相反，正如前面所言，文言和白话，各有其"是"，白话适合知识的普及，文言适宜思想的精造。人是既有肉体也有灵体的，白话更重身体的沟通，而文言更重灵魂的交契。当然，语言文字毕竟是用来传递语意的，白话较文言更易理解，表意的速度快了，各样发展也自然会随之加快。但我们这里之所以还要提出文言、白话的问题，是因为我们今天在白话的路上走得有些太过了、偏得有些太多了，失却了工整人心意义和汉字排布韵美的"字"，其将只是一种"文字"，而不再是"汉字"。简体字本就在一定程度上使国人失掉了对书法造诣的传承，再加上文言和律诗的时代性的"失语"（"失语"不是指少或没有，而是指没有高水准的文言和律诗），"汉字"作为"汉字"的殊有意义正大增速地流失，突出汉字的实用性而淡化其思想性、注重其符号性而忽视其价值性终不是中国文字的价值所在，而此也正如傅斯年先生所说的："言文分离后，文词经两千年之进化，虽深芜庞杂，已成陈死，要不可谓所容不富。白话经两千年之退化，虽行于当世，恰合人情，要不可谓所蓄非贫。"[1]

同时，还须注意的一个问题是，"'五四'以后，汉语的句子

1　钱穆.《人生十论》，九州出版社，2012年版，第12页。

结构在严密化这一点上发生了很大的变化。基本要求是：主谓分明，脉络清楚，每一个词、每一个词组、每一个谓语形式、每一个句子形式在句中的职务和作用都经得起分析"。[1]但也正是因为这种过度注重形式的语言僵化，由此产生的一个问题是：语言表述的严密性对语言指向的境界性产生了阻隔，这也就是说，人们大都注重形式的严密，但却轻忽了思想的跃迁，因为古人境界的思想来源往往是始于文字之形而超脱文字之外的，甚至在某种程度上还可说是开口即错、只可意会、难以言传的，过度注重形式要素势必就会影响内涵本真，进而在很大程度上导致国人伦理观、历史观和文化观等的"空""盲"。

应该说，语言即使要变，那也应是在继承基础上的改变，而我们近百年来语言文字只强调口语的易懂，而忽略了文字所承载的思想灵韵和人格内涵的道路，回头看来在很大程度上均使汉字所沉积千年的文化精髓变得"萧瑟"。而已遭排斥的文言，虽也曾一度成为人们贬损诋辱的对象、集中挞伐的焦点，但当人们冷静下来后，不难发现流失了文言的中国文字就像失却了灵魂的行尸走肉。而还须特别看到的是，最初倡导白话革命的那几篇主

---

[1] 王力.《王力文集》（第11卷），山东教育出版社，1990年版，第480页。

要的文章，即胡适先生的《文学改良刍议》、陈独秀先生的《文学革命论》、钱玄同先生的《反对用典及其他》和刘半农先生的《我之文学改良观》，这些都有一共同的特点，就是提倡白话的文章反而都是用文言或是带有文言性质的文字所写的，此是我们不得不深思的地方。而从某种意义上看，"中学为体西为用，不薄今人爱古人"，其实亦有其自身的道理在。

第四章 求知

文字的产生诚然有求知的热忱的作用在,这种热忱源于人们精神认知的需要,是先天的,而非刻意的,由好奇而诘问、由怀疑而求索,这是就人类文明显化前统括而言的,而正是在文字产生后,人类才能真正"大胆的设想、小心的求证",使得人类的求知更有了创造的意义。需要看到的是,时至今天,我们有必要站在"人"的意义上再来认识"求知",认清何谓"真知"和"知"的意义为何的问题,以此避免我们现在在"知"的路向上的某些偏差。

一、"知"的层次

铺垫的话不想多言,就自身的思考所及、就"知"的层面来言，至少可分为这样几个层次，即无意义的"知"、生活性的"知"、常识性的"知"、知识性的"知"和创新性的"知"。先须说的是，即便是创新性的知识也未必是应追寻的智慧，因为人类是否能够承载起其自身所创的科技世界，就目前来看，问题是很多的，至于其他的"知"我们则更应严谨判别。应看到的是，无意义的"知"，比如在以往一较为火爆的知识竞赛电视栏目中所问到的：《鹿鼎记》中的假皇后是：毛东珠；知道这个就本质而言，只能证明"知道"而已，只不过是在幻化的世界中知道一幻化的名字而已，就其意义而言是不那么大的。生活性的"知"，比如：生活中的一些除了具有理论和实践意义外那些生活娱乐的信息等，对这些信息在生活中只要关注，就能晓得。可以说，以上这两者，知与不知在本质上对自身的文化层次及推陈出新是没有多大意义的，"知"，不会在"知"的层次上增多什么；"不知"，也不会在文明总量上减少什么。知与不知，都无真实意义，不过是徒添信息量或对个别小众有几分"幻化的意义"而已。而从常识性的"知"开始则在某种程度上作用着人的知识结构、素质高低并影响人的创新能动性和创造可能性了，如太阳的东升西落、阴天时风是雨头等。

而在知识更新较快的今天，过去人们在知识层面的"知"，很多已演变为了常识性质的"知",其知识色彩在淡化,而其常识色度在加深,如地球围绕太阳公转,这在过去可能是很难理解的知识,而在今天则是众人皆知的常识。而我们这里所说的知识性的"知",则是指在今天各学科、各领域的文明推动上,能对推陈出新起到媒介或者促进作用的"知",至少是能构成创新基本因子的"知"。

谈到这里,不得不谈及一些当前较热门的知识竞赛栏目了,应当说,这些栏目本身当然有其意义所在,但其弊端也是隐在其中的。

这类栏目我们诚然不排除其有着知识性的"知",但其更多的是生活性及常识性的"知",甚至不少还是无意义的"知",也就是说,其所宣传的大多都是常识而绝少是知识,甚至有些所问答的都没有达到常识的层面,而是一种无谓的"知",知或者不知对生活、学习等都起不到任何帮助作用,显然此种"知道"也是无甚意义的。还是那个例子,《鹿鼎记》中的假皇后是谁?答案是:毛东珠。我们所须思考的是,这种"知道"构不成什么创新的基础,除非有人要强词夺理地说"毛东珠这个小说人物对自身的写作很有助益",但显然,这是很难有什么说服力和可信性的。当然,这里并不是褒贬金庸先生的小说本身,在这缺武少侠的时代亦需要侠义精神的提倡，但只是认为栏目所出题目的取向范围和致思路径等存有弊端。

在致思路径上，知道《狂人日记》是谁写的，这只是浮于表面的；而能真正挖掘小说本身，则是深入底里的。显然，在知竞栏目中，仅仅知道前者即可得分，但很可能参赛者连这篇小说中的一个字都没有读过，而这样的"知"则无疑是华而不实而非脚踏实地的，是哗众取宠而非真学真知的，是我们不应鼓励的一种泛化的"知"。再进一步来说，就涉猎与专精的关系言，即便是涉猎，也不能是碎片化和浅尝辄止的名词知晓，而应该是系统化和跨学科域的概念把握。当然了，即便是涉猎，其指向也应该是"应用"，而专精其指向则更是要"创新"。很显然，仅靠回答几个字词就引以得计的知识竞赛栏目，其狭隘是不得不引起我们警思的。

二、"知"的路向

曾国藩曾言："用功譬若掘井，与其多掘数井而皆不及泉，何若老守一井力求及泉而用之不竭乎！"也就是说，用功像挖井一样，如果还没触到泉水就转挖他井，那么将永远不能挖到泉水，何不始终苦挖一井而达到泉水充盈、用之不竭的境地呢？这也就是在告诉人们，无论何事，特别是治学，要有持之以恒、向深钻研的精神，不能总在枝叶盘桓，而应先在根杆上着力。而古人的一副名联更是表达了持之以恒的深刻意义——"苟有恒，何必三更眠五更起；最无益，莫过一日曝十日寒。"

而同样值得注意的是，抗日战争时期，陈布雷先生曾呼吁："青年精力之误用，最为国家民族之损失。"号召广大青年要将有限的精力投入到有益的事业中，而如果广大青年都把精力放在"某某小品的演员是谁"等无用之知上，那岂不是害人不浅吗？而媒体作为风向的先导，如果把青年的眼球都牵引到这种无意义的"知"路上去，那也岂不是误人子弟吗？以知道"假知"为自满，以停留"平面"为得计，显然不能撑持起科技、人文的进步。

同时，更为致命的是，"知"的目的是什么？是创新还是炫耀？是知行合一还是哗众取宠？显然，都应是前者。古人说："板凳要坐十年冷，文章不写半句空。"可在今天，能安心坐冷板凳的人是不多，不制造文字垃圾的人更难得，人们缺少的正是一种甘于寂寞、求真务实的治学精神，有点东西就拿来四处卖弄，稍有所得就唯恐世人不知，正是个别陷入机械模式的知竞栏目之病结。

应该说，就个人言，如果不能克服治学的病态虚荣，那么无疑是浅薄的，无论声名有多么震天价响，都比不上推陈出新的大音希声；就群体言，如果一集体，乃至一社会均乐于一种浮于表面的治学趋向，那么所伤害的不仅是当下，还有更长远的未来。应看到的是，软实力是硬道理，但硬道理的"硬"，靠的是什么？在一定意义上，靠的正是能有一大批在各领域的学人们不妄求人知地做刻苦的功夫、不哗众取宠地做严谨的研究，从博览群书到知行合一，进而推陈出新，都能脚踏实地、真诚专注地求真务实，只有这样，才能撑持起一片崭新的风气来。

而对于"知"的路向问题，如果我们再往前去探讨一步，可以说，即便是有着创新意义的知识，而这知识本身是否即是智慧呢？我想恐怕不见得。因为，在一定意义上，知识只表现了智力器官的中级位阶，而智慧则表现了心智构造的终极功能，同时，更详细地来说：

1. 知识主要作用于客观世界，智慧首要作用于自我更新

知识可以是智慧的基础，但同时其也可能是智慧的障碍；智慧代表了真善美的"已定形态"，而知识仅表征着一价值的形成

之中，其意义作用如何，尚不能够妄定。例如：现实经验表明，人类是否能够撑持起人类自身用其知识所建构的科技世界，这从目前来看，是尚不能够确定的，核电站能用来发展能源，但也威胁着生态环境；互联网带来了通信便捷，但也助推了网络犯罪，如此等等，都是有利有弊而又相反相生的。当然，我们不能因其有弊端，就因噎废食，但也不能因其有利益，就一往无前，而应将知识进行反思，由此升华为智慧，才能进而从混乱中找到清晰、从危机中找到出路。而这也正如唐君毅等先生在《为中国文化敬告世界人士宣言》中所说的（中国的文化精神）："超临涵盖于一切客观对象之上，而不沉没于客观对象之中，同时对其知识观念，随时提起，亦能随时放下，故其理智的知识，不碍与物宛转的圆而神的智慧之流行，而在整个的人类历史文化世界，则人为一'继往开来，生活于悠久无疆之历史文化世界之主体'。"

2. "一无所知"未必愚痴，"无所不知"未必智慧

从前面的分析我们不难看出"假知"与"真知"间存在天渊，而"真知"与"智慧"间也有迥别。这正如《坛经》中所说："心迷法华转，心悟转法华。"五祖慧能大师不认识字，谈不上有什么知识结构，也谈不上有多深的佛理基础，但他却在听到"应无所住，而生其心"后能顿然开悟、当下证道、立得

解脱，并在开悟后在完全没有读过《法华经》的情况下，帮助早已熟读了《法华经》的居士解经，而且是字字珠玑、纶音大沛。通过这个史实，我们不难看出：知识是表象的，而智慧是底里的；知识是由外而内的，而智慧是由内而外的；知识是心随境转的，而智慧是境由心造的；知识受制于具体情境之中，而智慧则超越于名相踪迹之外。所以，只有能由知识转为智慧，才是"转识成智"的大蜕变。

而再从字形来看，知识的"知"，如果生病了，加个病字头，就是"痴"——愚痴的痴，自以为高明，实际很愚痴。因此在某种意义上也可以说"无所不知"其实仍然只是"一无所知"。一个人的知识终究是有限的，但一个人的智慧可以是无穷的，真知指向科学，而智慧指向哲学。前者侧重工具理性，后者注重价值理性，知识也是如此，如果心是迷的，知识再多，仍只是表象，仍然是心随境转；但如心能开悟，即使片字不识，也能直指精义，经由自身驾驭知识。一个人的知识再多其也会有无能为力的地方，而有了智慧，处境再难，想办法就可以过去。好比一个人被人打劫了，知识就没用了，除非他会功夫，可能会制服对方，但如有智慧的话，则可以观察对方的言行，看看能不能"任他巨力来打我，化作四两拨千斤"。

3. 知识有新旧，而智慧无古今

众所周知的是，知识更新很快，这不必过多地举例，知识可以进行一种新旧的划分。与之相对，智慧则超越了时空的维度，"会得个中趣，五湖之烟月尽入寸里；破得眼前机，千古之英雄尽归掌握"，在地域上则不会有疆域之别，在时间上也不会有障碍局限。

一方面，自然界的美，身临其境未必就能有真切体会、与之合一，但若心有智慧，则无论在何种境况下，都不妨碍自身的心灵山水。与此同时，自然的美对于心无灵智的人而言不过是一种机械式的心理标记而已，看到了美，但实际上却并不能读懂美、融合美。而若心有智慧的话，则"人心与天地一体，故上下与天地同流"，能将山川大地融入于心、山河壮阔存乎于内，从而不受疆域之牵绊，"倚天照海花无数，流水高山心自知"。

另一方面，正如爱因斯坦所讲，"过去、现在和未来的分别，只是一个顽固的幻觉"，心有智慧则能超越时间的局限，"有客来相访，通名是伏羲"，能与古人为友、让古人为师，让己心去感受、承受古圣先贤伟大心灵所承受过的那份承重与那份神圣，如此的襟抱才是真正的智慧。而这也正如左宗棠年轻时自勉所说——"身无半亩，心忧天下；读破万卷，神交古人。"所以，由此就可以说,"风月无今古,情怀各相异",智慧就恰似风月般也是不分今古的,外在情景万变无常,而生命本体如如临在,在此种意义上,智慧就恰似"万古长空,一朝风月"。

再将眼光收至今天,在"知"的路向问题上,联系到我们的教育,从古代知识、智慧的朴素同一,到近代两者的分化脱离,再进至现当代的教育中,人们渐渐发现各样知识虽然日渐成为人的外在性、工具性的力量,但却没能有效地转化为人的主体性、创造性的力量。因此,在对待知识与智慧的态度上又呈现出了对立统一,而无疑,"转识成智"理应成为当前教育发展的趋向,将知识价值与智慧价值两者统一起来。这也即是说,不仅要能求索知识,同时也要反思知识,并在反思的基础上再升华知识,孕育智慧的产生,如此才是超越庸常的智慧而非作茧自缚的盲知。特别值得注意的是,尤不能随着知识增多,烦恼也随之增长、欲念也随之膨胀,如此下去的话,始终是知识因子与心灵能量的相悖,而不是两者相适相谐。

三、"智"产生的三基点

那么,"智慧"究竟源于何处呢?自身诚然笨拙得很,没有什么智慧,但始终坚信脱离了以下几点智慧是无由而生的,一时的伎俩终不是流长的智慧。

其一,清净心。说来容易做时难,"三岁小儿虽道得,八十老人行不得",在此人欲过分膨胀、人心难以自持的年代,能守住一颗不受染污的清净心,实在十分难得。但要看到的一点是,清净心并不是说要一个欲念都没有、一个杂念都不生,而是说当有欲念起来时,能"不怕念起,唯恐觉迟",不让不好的念头左右自身的所行甚至妨碍或伤害别人。同时,人的存在本身大多都是兽性、人性和神性的集聚,是很难没有杂念的,也很难做到无时无刻把控念头,但难能可贵的是,正如《坛经》中所说:"前念迷即凡夫,后念悟即佛。前念着境即烦恼,后念离境即菩提。"把心智频次尽可能地控制在好的那一"极",中和其向后摆的"力",需要我们持之以恒地下功夫。

其二,平常心。何谓平常心?马祖道一禅师说:"无造作,无是非,无取舍,无凡圣。"此十二字真在绝大意义上表达了平常心的内蕴真义。应该看到,有利弊之分即会有造作之行,有善恶之分即会有是非之念，有好丑之分即会有取舍之贪，有佛魔之分即会有凡圣之别，而这些均不是平常心。看来平常心也真是禅宗所讲破除二边、明心见性后的一颗大圆满心。当然，言出于口容易得很，落实于行着实很难，尤其是生活中在己身上发生的不平事，哪那么容易能保持好平常心呢？对此，也不得不说，禅师大德们那种放下分别念的平常心确实太美了，但也着实太难了，拯救世道人心绝不能靠极少数才能行的神圣原理，而应靠大众皆可行的切近世理。所以，这亦不由让人想到一句更切近的话：于事上可以较真儿到底，但于心上不妨权且宽恕。前一句是对别人的，后一句是对自己的，心上的宽恕也绝非是宽恕和原谅对方，应该说，宽恕别人诚然是好，但首先应宽恕的是自己的心，没有理由再伤害自己无穷多次，也没有理由任伤口溃烂而总不愈合。

同时，在关乎"平常心"的问题上，也会让人不由得思考"以直报怨"和"以德报怨"的关系问题，我们的直观感觉似乎在告诉我们"以德报怨"比"以直报怨"更有胸襟、更蕴大美，这种判断看似有理，其实是不然的。"以直报怨"在一定程度上就是指敢于较真儿、敢于碰硬，而"以德报怨"则是要以德感化，化解恩怨。对此，应明确的一点是，"以德报怨"对于个人言诚然是有境界的，但对于社会和集体言却也是不负责的，因为如此一来会无形助长邪恶方的气焰，因为不是所有人都有被"德"感化的潜质和能反思自己言行的。记得鲍鹏山先生曾讲过这样一句话，很有道理："假如这个世界堕入黑暗，那么吹灭最后一盏灯的，不是坏人的嚣张气焰，而是好人的忍气吞声。"确实如此，出于主观意识的以德感人，未必就不是对方眼中的忍气吞声，在当前更多都是"滥好人""老司机"的缺武少侠的年代也确实应以儒家的"以直报怨"来作为处理是非的一颗平常心。

而还要走出的一个误区是，不要以为不发火就是一颗平常心，其实，在本质意义上，平常心和发不发脾气、有没有情绪没有太大关系，因为一切理论都要忠实人的向度，不能强求人做"非人"的事，那样的理论看着好看却无甚意义，因为它背弃了人的基本向度。当然，在人的向度中也理应有崇高，人的本质就是追求崇高的存在，而"平常心"的崇高性，正在于发脾气、动情绪是合情、合理且合法的。举例来说，抗日战争中，日本鬼子用飞机轰炸浙江奉化溪口，蒋经国先生的母亲毛夫人不幸罹难，蒋经国在闻讯后立即赶回了老家，并在母亲罹难的地方手书"以血还血"四个大字以明志。应该说，不要认为"以血还血"就不是平常心，反而这种悲愤才是"平常心"，为什么？因为这是合理的，是不悖乎良知的，而且是符合社会大众关乎某事的普遍心理反应的，如果一个人在面对像"南京大屠杀"这样惨绝人寰的滔天巨罪时没有应有的愤慨之心的话，那么这个人要么不是炎黄子孙，要么就是行尸走肉，要么就已走火入魔。

其三，慈悲心。应该说，名相无所谓，实质才重要，没有必要拘泥在慈悲心、博爱心乃至于其他一切关乎"爱"的名称名相上，因为这些内涵都旨归一处、发端一源，那就是：爱。这里用"慈悲"指代，是因为正如佛家所讲的"大慈予一切众生乐，大悲拔一切众生苦"，是一种没有任何为私的"爱"。在这方面，人们确实不应将"爱"局限地给予某个人、某个集体、某个学说等，而应该超越这种局限、关切一切苍生，特别是要比人类可爱得多也可敬得多的山河大地和动植物等。与之相反，如果还将思想停留在党同伐异、思想站队的老路上，则只会造成更多无辜的损失和无谓的杀伐，胡适先生曾说："同于我者未必可爱，异于我者未必可憎。"盲目固执于单一的观点下，肯定是没有合理可言的。只有对众生疾苦有切肤之痛，对他人所难有悲切之心，对对立观点有客观之思，如此才能生发智慧、自利利他。

总之，脱离了以上三个心念基础，思考很难有彻解、智慧很难有确当，这是在"求知"问题上须引起我们共勉的地方。

第五章 文化

"文化"是在"文字""求知"的基础上,对于更进一步认识"人"的重要问题。文化,也可说是在一定意义上让"人"之为"人",而不为恶的思想要域。于此谈三方面问题,即何谓文化、何谓中国文化以及今天的文化责任。

一、文化的几点特性

文化是什么?这是人类经久不衰的心灵追问,但是此问题本身就是仁者见仁、智者见智的,不可能绝对求同、公式统整。就自身的思考所及,文化,在一定意义上就是在人从自然存在向自为存在的转变过程中所创造的价值系统,而此价值,则既包括物质的，也包含精神的，同时更体现在我们的生活追求之本身。

1. 从"本质先于存在"到"存在先于本质"

自有人类以来，人作为一种自然的存在，其在最初是并未能够充分认识到自己应以什么状态存在、应过何种样式的生活的。但随着进化，人类开始从自然的存在发展到为了自觉的存在，开始对自身状态进行反思、对世间万象生发理解，并进而开始对思想情感予以抒发。这一切，都表达了人从"本质先于存在"发展成为"存在先于本质"。

所谓"本质先于存在"是说，一个物象在其产生之初，其先天因素决定了其绝大程度的后天发展，比如：一粒种子变成大树，在同等阳光、同等水分等外在条件不变的情况下，树高与不高，树自身是没有后天影响权的，只能靠先天的种子成分。而人类最初其实也是如此，自从母亲生下来后，及至长成人，由于那时火还没有出现、语言尚未形成，因此我们不可能指望早期人类认识到：我要成为怎样的人、我要通过怎样的奋斗来过怎样的生活，以及我的心灵世界应呈现怎样的面貌等。可以说，这时人类虽然仍然具有主观能动性，但在一定程度上其仍是"本质先于存在"的，先天决定的成分多，后天加注的作用少。

而"存在先于本质"则是说"不可恃者天,不可画者人",不可以满足的,是自己先天的条件;而不可限量的,是自我后天的努力。在先天同等的条件下,人的一天都是24小时,其对时间的用途就决定了其进步的快慢,例如:一个人可能有残疾,这是先天造成的,但这并不妨碍其去求索文化、写出作品,成为思想家;也不妨碍其学习乐理、谱出音乐,成为音乐家,如此种种,不能限量。先天种种,除非是个例,如胎儿出生就很不健康等,否则不能局限住人后天在自我修养、自我塑造和自我追求方面的本质潜能,这是人区别于万物的可说是最根本的一个区别,也是人类文化的最明显的一个表征。也就是,对人类而言,先有"存在",之后才在不断的"选择"中塑造"本质",强调主观能动性;对万物而言,先有"本质",之后才在本质的"主宰"下被动"生长",凸显先天决定性。

2. 从"物心偏于分离"到"物心两面并重"

在人类文化的发展史中,近现代以前的东西方,除却宗教对人的心灵的影响外,西方更偏重器物层面的追求,而东方更偏重精神层面的建构。当然,这里说的是"偏重",并不全都是如此。

随着在历史脚步下东西方的碰撞、交流,特别是晚清中国在西方的船坚炮利下,看到了器物层面的威力,由此推动了中国开始走出单纯礼教世界，而步入了"心""物"的融通对接——开启了洋务运动、预备立宪，直至后来民国时期的新文化运动等一系列的由器物到制度，并由制度到思想的、由表及里式的对西方文化的借鉴和学习。在此过程中，虽然最开始中国仍无法走出"不变者三纲五常，昭然如日星之照世；而可变者令甲令乙，不妨如琴瑟之改弦"的思域局限，认为传统礼教不能变、封建纲常不能变等，但随着日俄战争、甲午惨败等对国人的刺激，人们越发完成了从"师夷长技"到"师夷长理"的转变，国人们也渐渐明白了传统的未必是精华，外来的也未必是糟粕，走出了纯粹在内心世界追求圣人境界的旧式理路，实现了从历来偏重精神文明向重视物质文明的转变。这是我们东方。

再来看西方，由于自近代以来，西方一直都处在武力的强者位置，而这种武力的强势地位也在很大程度上造成了其文化的自大心理，因此，其觉悟较晚，甚至在很大程度上还可以说，正因为其没有认识到中国文化的重要、没有深入到中国文化的底里、没能体会到中国文化的精义，所以其至今仍没有完全地醒觉。当然，虽然西方始终都无法摆脱由其器物发达所造成的临下姿态，但其仍在一定的意义上看到了中国文化的伟岸所在。应该说，随着西方科技的发展与人心的日益浮躁，而又再经过尼采等思想家宣扬"上帝死了"的观念后,神的观念已抓笼不住复杂人心,各样危机也正在悄然地暗流涌动,西方开始渐渐注意中国,对中国的传统文化感到惊讶,其中最有代表性的声音莫过于汤恩比博士的预言:拯救21世纪人类社会问题的,只有中国的孔孟学说和大乘佛法。

而我们应看到的是,物质与精神都同等重要,不能分高下,这也正如李大钊先生在《我的马克思主义观》中说的:"我们主张以人道主义改造人类精神,同时以社会主义改造经济组织。不改造经济组织,单求改造人类精神,必致没有效果。不改造人类精神,单求改造经济组织,也怕不能成功。我们主张物心两面的改造、灵肉一致的改造。"这里所说的"物心两面""灵肉一致"其实就是物质与精神的并重。同时,更要看到的是,物质与精神恰似一体的两面,因为无论何种物质,其皆会有能量,而此能量本质就是一种精神;而无论何种精神,也皆表征思想,而此思想本质就是一种电波,因此也就是种物质。所以,物质里含有精神,精神中亦有物质,这两者其实是并不能够截然分开的,只不过是外相的表现形式不同、信息的承载方式不同而已,我们不能陷入盲目对立的思维方式中不能自拔。进一步而言,佛家有"一念发动处,便是行了时"的思想,念头产生就相当于行为完成,强调对自身念头的规控意义;同样,著名的"水试验"[1]其实也旨在告诉人们,物质是有生命的,其自身孕育着能量和信息,我们不能把物质视为无精神的存在物。

而在此问题上,胡适先生的论述更为精到,他说:"一种文明的造成,必有两个因子:一是物质的,包括种种自然界的势力与质料;一是精神的,包括一个民族的聪明、才智、感情和理想。凡文明都是人的心思智力运用自然界的质与力的作品,没有一种文明单是精神的,也没有一种文明单是物质的。"由此,需要看到的是,无论是偏于物质抑或是偏于精神都是不究竟的,在以后的发展道路上,只有物质与精神并重,才是我们未来的出路。还不得不说的是,同样都是人类的文明,但中国文化给人的心灵深度却不是西方文化所能企及的,也不是西方民众普遍所能彻解的,说此话并不是自吹自擂,也绝非是危言耸听。应该看到,正是因为西方缺乏中国传统智慧给人的那种心灵承重,所以西方学人总显得些许"轻飘",由此也桎梏了其自身的发展。当然,谈到此,无论中外的学人可能会马上举出

---

[1] 王力.《王力文集》(第11卷),山东教育出版社,1990年版,第480页。

一连串如雷贯耳的名字来,以此证明西方精神世界的发达。但我想说的是,在宗教之外,西方的精神世界至今都尚未超脱道德层面;而在宗教之内,西方的精神世界至今也都尚未超脱生死层面,因此其较中国的文化精神言,在一定程度上无疑还是尚浅的。求是地讲,中国的文化精神超脱道德但又支撑道德,了脱生死但又不拒绝生命,是使道德之能"自觉自为"、是使生死之能"夭寿不二"的大境界,而这是在西方以逻辑为本位的思维延展下所不能体会到的在中国以境界为归宿的那份襟抱、那份洒脱与那份承重(至于中国的文化精神具体是什么,下文对此将有详述)。

3. 从"一家乾坤独断"到"溪间百花盛开"

"吾爱吾师,吾尤爱真理",这句西方名言大家肯定知晓,而名言之所以经典,不仅仅是因语句承载的思想含量,而且也因翻译此语的句式结构,而这种体例结构借鉴于谁呢?就是借鉴于梁启超先生。1902年,梁启超在评价自己时说:"吾爱孔子,吾尤爱真理;吾爱先辈,吾尤爱国家;吾爱故人,吾尤爱自由。"这句话不仅成就了西方的一句名言,同时也深深值得我们来予以剖析。应当讲,梁启超推崇儒家,知识结构也大部分源自儒家,但他并没有拘泥于儒家,而是为了真理求索中外、博览古今。因为对那时的中国人而言，文化上的圣人与政治上的权威一样，都不容人怀疑，但圣人言说不必定是真理，至高皇权也不意味着永恒，所以一家的圣言独断是不能打消人们的追问之心的。同时，梁启超敬重那些历朝历代的先贤和为国牺牲的先辈，但先人们用毕生所宣讲的道理、用生命所换回的轨向是否是对的？梁启超也有自己的看法。在他看来，先辈赤忱诚然可贵，但现实路径却未必正确，不能因为要秉承先辈的教诲，就愧对了家国和百姓，所以他才说："吾爱先辈，吾尤爱国家"；而第三句，大家都知道梁启超在青年时曾追随康有为变法，他的一生虽从未忘记这些风雨故人，但他的思想却没有黏滞在过往，而是如天马行空，时常起变，当然，这个变也不是无原则的变，而是为了求索真理而变、为了国富民强而变，他没有拘泥在由故人所设的思想轨道上，不想因故人的视域而限定了自己的疆界，所以他才讲"吾爱故人，吾尤爱自由"。

在这里，通过梁启超先生的自评能告诉我们些什么？很重要的一点，是告诉我们思考要有"我见"，当然我见不是我执，不是抱着一个错误见解"不撞南墙不回头"，而是说要有独立的认识，不被思想的"圣人"所吓倒、不被从前的"故我"所羁绊，但最重要的还是"傍人门户，不是男儿"，要能追问无止境。

可以说，自人类走出原始状态伊始，思考就是不受拘束的，思维的发散性正是文化的原生态，但是这期间毕竟少有文字记录、少有系统整理。而无论东方还是西方，随着统治阶层的出现，文化也就随之专制，只是表现方式不同与深浅侧重不一。西方，以宗教文化为独断；中国，以儒家文化为独断。西方的宗教独断诚然不好，但其只是在人们的彼岸向往上划定了疆界，除了对有碍神界权威的思考向度进行强制干预外，并没有过多地束缚人们对其他学科的求索；而儒家的思想钳制则与此不同，其所造成的影响，是使人们历来都把学习圣言、代圣立说视为正途，功利些的只把仕途科举视为正途，而其他学问则少有问津，即使有，人数所占的比例也与这些从事所谓的"正途"者所不能比。当然，从深层次看，在东西方的文明史上，中国之所以没能发展起西方的资本主义和多样文化来，除却文化的独断外，还有就是中国古人在小农经济模式下，基本满足了在此状况下的生活需要，基本习惯于在此运作下的生活轨迹，即使有些不满足、不习惯的地方，在"知足不辱"等传统思想和统治阶级的专制打压下也就渐渐随之告终了。

应该说，无论何种文化专断都在很大程度上桎梏着人们的思想自由，它使文化沦为政治的附庸，单一宣讲那些为统治服务的思想,肆意诋毁一切与当权相左的言论,甚则"扼人民之心理,禁其流通;夺人民之意志,强之同我"[1]。在我国历史上,秦"焚书坑儒"、汉"独尊儒术"其实都是如此,虽然"独尊儒术"要比"焚书坑儒"在形式上更缓和些,但两者的实质都是为了使人们思维固化而进行的言思独断,而至于后来隋唐的科举制和明清的文字狱等也同样是如此。而再放眼西方,甚至还出现了大规模的宗教性军事行动:十字军东征,更是给人民福祉带来了灾难。因此,我们必须看到,无论东方还是西方,文化是不能独断的,思想是难以单色的,独断的结果到底是历史的逆流。

而还须看到的是,以儒家文化来说,无论其所求境界有多崇高,其仍只是单向度的,大多是在一个层域拔节、沿着一条路径发展,后来的学人在此路上无论如何用功也不可能通过仁义道德而通晓化学、物理,其他领域的点滴只能靠在其他路上求索。因此,应予认识到,凡是有所限制就会有所狭隘,文化发展的一重要规律就是从受到某种掣肘到摆脱这种束缚的过程,无论这"束缚"是多么的"崇高"。西方,经历了从信服神的权威到消解神

---

[1] 高一涵.《民约与邦本》,《新青年精粹》,中国书店出版社,2013年版,第59页。

的权威的过程；中国，则经历了从儒家统领一切到打倒孔门言说的过程，虽然在某种程度上这是从一极走向了另一极，但其意义的进步却是无疑的。同时，文化的表象虽是长期都被裁制的，但文化的底里却始终都是自由的，虽然不为许可，但仍暗自生发。我们这里所说的文化从"一家乾坤独断"到"溪间百花盛开"指的也就是文化的百家争鸣，从民间暗自花开到庙堂光明正大的发展过程而言。

所以，文化与行政不同，不怕出现"九龙治水"的"困局"，不怕出现"各吹各调"的"嘈杂"，这也正如陈独秀先生所讲的："文化之为物，以立异、复杂、分化而兴隆，以尚同、单纯、统整为衰退，征之中外历史，莫不同然。"只要求索是正向的，里面包含有对现实问题的关切、对时代生发的反思，能让人们学会付出哪怕是一点点的"爱"，那就是合理的，因为"发现爱的力量，是人类第二次的发现'火'"。而在此基础上的一切思想求问我们都应包容支持，也唯有如此，才能增强我们中国文化的精神感召力和全球影响力。

而时至今天，文化，在经历了自然经济中的文化危机——"没有选择的标准的生命中不堪忍受之重的本质主义的肆虐"，以及市场经济中的文化危机——"没有标准的选择的生命中不能承受之轻的存在主义的焦虑"[1]后（前者的大意是，人们没有选择的自由，全然依托虚拟的权威，如崇神，因此这种虚拟的权威对人的生命而言是种不堪承受之重；后者的大意是，人们可以任意地选择，选择却无合理的判准，如拜金，因此这种盲目的选择对人的生命而言则是种不能承受之轻）。应该说，文化既不能没有思考的自由，也不能没有正确的判准。对此，我们尤需要警惕一个现象，就是文化与科学不同，科学往往实在、具体，而文化则是虚在、抽象；科学不能浑水摸鱼，而文化常可滥竽充数。由此也就造成了当前社会上留个胡子以充学识、戴副眼镜冒充学者的人大有人在，所发的言论往往在增加信息负荷、扰乱民众思维，甚至还使国内外的人们对中华文化产生了不少误读。对此，应该说，我们诚然赞同多样的思考，但也不敢苟同任性的滥造。今天，文化虽然要贴地面步行，但同时也要能在云端舞蹈，脱离了对崇高的渴求，文化就不能让人去向往心灵深处的静美、让人感悟到精神道义的神圣。

当然，以上几点特性诚然不能穷尽文化的全部内涵，但脱离了以上三者无以理解文化。而接下来，则当然要具体说明我所理

---

[1] 孙正聿.《现代化与现代化问题》,《马克思主义与现实》, 2013(1)，第21页。

解的中国文化精神到底是什么。

二、中国的文化精神

我们中国的文化精神到底是什么？对此，有必要阐述自己如下的几点看法。

前已言及，西方重方法论，而中国重境界论；西方是思维的数学模式，而中国是思维的人文模式。那么，缘何如此呢？应该说，这在很大程度上是因为西方文化建构于工业意识之上，而中国文化则源生于农业意识之上。正是因为长久以来以农为主的生产方式在传统中国从未有断隔，亦未有颠覆，即便是在1840年后被列强侵略与被殖民洗脑的时期，中国仍是以农业为主，这就在很大程度上造成了传统文化一直以其特有的方式存在。而西方世界则显与此不同，在经过数次工业革命、科技革新的基础上，以往的封建社会渐变为了资本主义社会，从前的农业为主蜕变为了工业为先，由此造成了其表层物质文化、中层制度文化和底层哲学文化的系统变革。再加之西方素来重逻辑推理，其对于超越逻辑、直至人心的中国文化的心灵之境当然不能彻底地解证。这也就不由得让人发问：我们中国的文化精神到底是什么？对此，我想如下四个方面，可以为之解答。

1. 生命本来圆满，有限即是无限

在对生命本质的认识上，在中国文化中，以儒家为代表的思想，其实并不承认人死之后的彼岸世界，而是认为生命本身就是圆满的，拒绝以有限的一生去渴求无限的永生。而由于本人对佛家思想及其他宗教义理的较少涉猎，所以不能妄予评论，于此只说明在中国儒家思想眼中生命的真谛是什么。而也须说明的是，这里所言的儒家思想也绝不仅指以孔子为代表的先秦学派，而是以更广的视域来观历史长河，虽然诚如古人所说："天不生仲尼，万古如长夜。"但可以认为，后来一些儒者通过诠释儒家经典和阐明儒学义理在领悟生命真谛这一层域上超过了儒家的创始人本人。所以，这里所说的儒家思想也就不仅仅停留在"仁、义、礼、智"等方面的显性道德上，因为"矫情造作皆是不仁，庸言庸行是以可贵"，道德是水到渠成的，而不是做给人看的，"善欲人见，不是真善；恶恐人知，便是大恶"。甚至还可以说，一切真有道德的人在一定程度上也均是不自明的，就是不是因为先明了了"道德"的概念，再选择做或不做；而是之所以做，纯是天性的使然；之所以不做，则是心有所不忍，总之超出了名词的被动,而均在主动的本觉中。

那么,这一超乎道德之上而又充盈道德之真的中国文化精义是什么呢?那就是对生命的一种态度,一种求真务实、脚踏实地的态度,这一态度可以综括为:生命本来圆满,有限即是无限。

钱穆先生曾说过一段话:"终极,不妨害其无限向前之无终极;宁止,不妨害其永远动进之无宁止。"我想此语是能震彻古今的,其说出了生命本质、道出了生命实相,也是正能代表这一文化精神的,能有如此见地,超过了无数先贤,也令后人无比钦佩,在很大意义上正蕴含了我国文化的真精神。

"终极"是说生命的长度是有限的,但生命的价值却可以是无限的,这也就区别开了宗教中的无极世界,也就是认为人不应在时空的意义上追求无限,而应在价值的意义上塑造无穷,因为有限的自我展开就是无限,生命的有限性并不妨碍意义的无限性。同时,正如钱穆先生进而所指出:"在有限世界中求有限真理,此有限光明即如无限光明。"我们追求的尘世真理在理想性上诚然没有宗教世界那么高远,但在合理性上却较宗教世界更趋适宜,因为所求过高和过低在本质上都是一样的,过犹不及、宜贵乎中,这也诚如古人所说的:"责人之过毋太严,要思其堪受;教人以善毋过高,当原其可从。"由此,因求有限真理所发出的求索之光要比妄求无限真理所憧憬的彼岸光明还要更适人生，还更璀璨美丽，这可以说是以儒家为代表的中国文化精神的一重要方面。

而后一句的"宁止"，应当说，这种思想很可能有佛家思想的启迪，但虽是如此，也并不全同于佛家。《坛经》中说："何期自性，本自清净；何期自性，本不生灭；何期自性，本自具足；何期自性，本无动摇；何期自性，能生万法。"认为生命的本质，是"一真一切真，万境自如如"，也就是不增不减、如如不动、"无去来处"的。能体认生命最本质的"宁止"，则不会妄求于外境或妄攀于外缘，而能渐渐体悟出"水流花开得大自在，风清月朗是上乘禅"的大境界。当然，也应看到，这最深处的如如不动并不妨碍我们生命过程的无有停歇，因为人的存在在很大程度上即是一种"未完成"的存在，即是一种始终在塑造着自己并同时创造着世界的存在，这种塑造与创造永无停歇的时刻，无论是从个体言抑或是从集体言都是如此。但这种永远的"未完成"本身却恰处于生命的"大完成"之中，动进的"无宁止"本身也正处于生命的"大宁止"之内，而也正是在此意义上，"未完成"与"无宁止"其实就是"完成"和"宁止"的一部分，而"动"与"静"也都是相对而言的，以静制动、以减为加也理应是人生世上的重要智慧。

当然，还要看到的是，虽然这一思想有佛家经典的觉启，但承认"未完成"、不问"死之后"也与宗教有一在死后的彼岸寄托不同，这可说是中国文化注重生命之道的关怀体现。而再扩展一些说，在中国文化中，不要妄自认为一个思想是佛家的，儒家就不是这样了，恰相反，在外相根本处虽然有不同，比如佛门拜释迦、儒门礼孔孟等，但在思想底里上常常无二致。中国文化的主流诚然不是宗教的，但其中一些璀璨的思想精华亦有着宗教的哲理启迪，在一定程度上，儒释道在文化长河中正是彼此吸融的。

言归正传，在体认到生命本质就是圆满的、有限展开即是无限的这一文化精神后，对我们的现实人生言又有什么意义呢？意义诚是很深刻的。

正如梁漱溟先生所讲："寡情，故运理智而计虑未来；多情，故凭直觉而直感当下。"当然，这里的"情"在很大程度上应理解为"同情"。"寡情"的人计虑来去，"多情"的人率真而为，生命的大圆满本质告诉我们不应将生活机关算尽、疲累到底，而应学会"该放手时须放手，得饶人处且饶人"，哪里应偏求绝对呢？与此同时，在生命的展开意义上，能认识到无极存在于有极之内，动进存在于宁止之中，也会让我们建构起更科学的时空观，正如佛家讲"一念未生前，直下看将去""直是现今，更无时节；一念万年，直至无生"，具体而言，这更科学的时空观就是"当下"！

"当下"二字的哲理智慧是不可以一带而过的，因为若偏要以一两个字来阐明生命的真谛，"当下"二字恰确得宜，有了这两个字，正如禅宗言："万古长空，一朝风月。"我们就会结束钟表时间的幻象并摆脱掉人为观念的羁绊；也正是在此意义上，"永恒"并不是指无止的时间，而恰恰是指"无时间"。而也正因无时间，就能心灵不老、日新又新，无论对个人抑或是对国家言也都是如此。

对个人来说，正如李大钊先生讲："青年锐进之子，宜有江流不转之精神、毅然独立之气魄，以其无持其有，以其空驭其色。宇宙无尽，青春无尽。"要能"老骥伏枥，志在千里"。对国家来说，李大钊先生也指出："吾族今后之能否立足于世界，不在白首中国之苟延残喘，而在青春中国之投胎复活。"国心是民心积聚的，国魂是民魂铸成的，如果国人都能"以其无持其有，以其空驭其色"，将这种"宁止"不碍"动进"、"太空"不碍"浮云"的盎然生机充实于生命的话，那么"宇宙有无尽之青春，斯宇宙有不老之中华",梁启超先生的"少年中国"不远就能实现。

2. 光明自在人心,良知通体遍照

梁漱溟先生在谈及儒学思想时总结认为,儒家"似宗教而非宗教,非艺术而亦艺术",也就是说,儒家不是宗教,但却能起到宗教的教化;儒家也并非艺术,但却能有艺术的生机。而梁先生为何会如此认为呢?

应该说,儒家不是宗教,因为儒家没有去建构一个彼岸世界,而是在某种意义上认为此岸即是彼岸、当下便是终极,这一点,前已言及了。而还需要看到,宗教的那种彼岸世界美得好似彩虹,让人倾心向往,我们也诚然希望能真有一彼岸之世界:使恶者下地狱,善者得永生。但是,若仔细来看宗教中的行持要求,则不得不令人们望洋兴叹了,为何呢?因为要求太高了,很难能做到。当然,在这里我绝没有贬低任何宗教戒律的意思,同时"行持以四宏誓愿为目标,事事以损己利人为趋向"的不犯任何戒律的出家人,也真的比世上凡夫俗子要强百倍、千倍乃至无量数倍,但若从促进整个社会的文明发展来看,神圣的戒律只适合个体的修行者,但却不适合大多的老百姓,因为人往往都有一种劣根性,即如果要求设定过高,大家反而不会去做,因为反正做不到,还不如得几时享受便享受几时。

所以，由此看来，"佛度有缘人"，此言是不虚，自身诚然钦敬悲愿宏深的甚深妙法，但勉励大众都能身体力行、都能通过理解和信服而方便易行并且乐在其中，不应靠神圣的宗教教理，而应靠切近的方便教化，而这教化是什么呢？有没有一放诸四海而皆准，无论国别与种族都能理解的人类共同教化呢？可以说，全世界的宗教统一可能还十分遥远，但教化一致却是能努力达致的，而这教化就是"良知"！而这，则正是以儒家王阳明先生的"致良知"思想为代表。

需要说明的是，以佛家思想为例，要想契入修行境界，必要经过"信、愿、行"这三阶段。简单一些来说，信，是深信不疑；愿，是发愿行道；行，是身体力行。只有真的做到这三方面，才能渐渐契入真境界。但我们有必要思考的是，先不提"愿"和"行"，单单来讲"信"这个字就已经是很难了。因为现在科技日益发达、人心愈加趋利，古来难以解释的现象现在都能渐次得到解释，人们已走出了盲目崇拜阶段，而进入了一渐失坐标阶段，也就是既不相信宗教，也并未崇尚道德，而是由利益所牵引、由计虑所操控着一步步地往前来过自己的人生。而此处还须阐明的是，从个体言，信仰某一宗教，由信愿进而真行，并最终得到解脱。当然，这里所说的宗教绝非邪教，我们诚然应随喜赞叹这浮尘中的一股清凉。但从一社会乃至人类全体言，世界的冲突化解离不开人心的理解沟通，正如泰戈尔先生在诗中说："神死了的时候，宗教便将合而为一。"各地的人们很难共尊一神，因此心灵的融通不能靠宗教实现。那么，有没有一个全世界人们能在思想上做信仰、在行为上做准则，并在交往中作为出发原点的心灵上的世界通用"语言"呢？我想，这是有的，而且这是一种心灵上的宇宙语言，不分肤色与种族，也不论贫富与贵贱，大家都能理解并且都能做到，这，就是儒家所提倡的"良知"。

"良知"是什么呢？良知并不是虚无缥缈、无法检验的天外星云，它既没有宗教词汇那么抽象，也没有深奥玄理那么繁难，凡人皆有、当体即是。在本质上，良知就是人们在社会生活中、在履职尽责中形成的一种道德意识，主要体现为一种真诚、自觉的道德责任感。可以说，宗教教义，百姓难以理解，理解不了自然行持难成；而内心良知，世人皆能明白，浅显易懂自然更易通行。彼岸世界的是否存在我们姑且不论，而"人人心内良知之明觉，人人当体即是之真理"，我们不能放着最切近的真理不去体认，反而憧憬一更遥远的世界立在目前，无论"死后的永远"存在与否，这样做显然都是不甚合理的。

进一步来说，儒家精神并不是把当前世界作为借假修真的途径抑或是侨寓暂居的场所从而期望在另一世界得到解脱，而是认为，"以循理为主，何尝不宁静？以宁静为主，未必能循理"，同时，"循理，则虽酬酢万变而未尝动也；从欲，则虽槁心一念而未尝静也"，遵循良知，虽世上万千变化，而己心仍高山流水；被欲牵引，虽整日无所事事，而其心仍无家可归。良知，理应成为人类共有的心灵家园。

而还应看到的是，良知的约束，是自我的约束，是自内而外的。宗教的约束，除对少数真修行人来说，"佛法指归平等性，市民终见自由人"，能实现从有心持戒到无心亦持戒、时时在戒中的这种跃迁，无拘无束、自然自在；而对大多数定力未深，乃至贪图福报的信众来说，戒律约束仍是外力约束，是由外及内的。对此，应该说，借由外在的力量终不如全然内在的自觉来得更主动，对人类社会的进步也更有益，所以，我们应把心思和精力多放在如何唤醒人类的良知上，而不是放在你长我短派别的争论上。

而还须阐明的是，举轻以明重抑或是举重以明轻都是相对而言的，尊崇良知并不排除信仰宗教，为什么呢？因为凡是宗教，当然仍指的是正教而非邪教，其戒律要求必然是在良知的要求之上的，而不会在良知的标准以下，更不会明显背离人的良知，因为人的良知都说不过去，又怎能符合神的行持呢？当然，人在世间，难免会有难处，情感的慰藉和精神的寄托也均要有所归宿，这归宿很多人都选择了宗教，期望有外在之神来帮助自己、离苦得乐，这也是可以理解的。而我们须说的是，只要体认良知，活得俯仰无愧，完全可以把良知作为首要的归宿，进而再依个人情况来选择信仰宗教或不信宗教、信仰此教抑或是信仰彼教。我相信良知必定是任何宗教的基础，把这一基础作为大同的原点、人心的共向，世界冲突自会减少，彼此轻蔑也就自会降低。

行文至此，人们可能不禁会问，良知如此重要，但良知是否会妨碍生活的种种生机呢？答案当然是否定的。

应该认为，人的自然属性就决定了凡人必然有欲，只是表现形式不同、各自侧重不一。但欲望虽然不善，却也并非全然恶。正当的欲望不仅不是妨碍你我旁人的诱因，反而是增添生活生机的来源。那么，什么才是正当的欲望呢？需要说的是，经过良知淘洗的欲望才是正当的：夫妻恩爱，无可厚非；餐食美饰，亦无大过。当然，再多说一句，这里说的不包括因口腹之欲和衣装之需而杀生的情况，特别是对于饮食而言，人类因口腹之贪而伤害生灵的罪孽实在太重了。无论有无神明谴责，都对不起人类的共有良知。对此，人们即使做不到全素，至少也要吃"三净肉"[1]，这与宗教无关，全是良知使然；而至于其他的象牙和皮草等，也应该自觉地斥责、抵制。

再进一步言，以佛家五戒为例，"不杀生、不偷盗、不邪淫、不妄语、不饮酒"，这五戒真正是极好的，但以戒律形式出现，却往往不能实现普劝大众的目的，因为信佛的人才会依戒而行，不信的人则不会依此而行。但如果我们纲举目张，把"纲"把握住，则自然就能提纲挈领，实现不犯五戒或至少不犯其中最重的前三戒的目标，因为以上这些完全囊括在了良知之内，体认良知自然不会伤害众生，也自然不会非义取财，更自然不会淫人妻女。可以说，不论各行各业，也不论各色人等，良知对己而言通体遍照，对人而言自觉觉他，正所谓是"端居澄默，万象毕照；居敬持志，循序致精"！所以，我们必须明白良知的意义，特别是在今天，这绝不是简单的个人修养意义，而是能起到消弭世界

---

[1] "三净肉"：一是眼不见杀，即没有亲眼见到动物临死的凄惨之状；二是耳不闻杀，即没有亲耳听到动物被杀时的悲惨哀鸣；其三是不"为"自己所杀，也即不是因为自己想吃才被杀害的。

冲突、和缓彼此矛盾的和平共融的意义。因此，也真的可以说：信神不若信良知，皇天不负好心人。

总结而言，良知是是非的准则，人格因良知而增进，将世界转化为道德的世界；良知也是万化的精灵，万化因良知而照觉，将世界呈现为审美的世界，此也正如林清玄先生所说："心美一切皆美，情深万象皆深。"良知本有且永有，本真且永真。同时，阳明良知之学，"首贵'即知即行'，又贵'事上磨练'"，是知行合一、心行不二的，"知者行之始，行者知之成"。在当今社会中，尤其是对关乎整个时代心态律动的学子学人们而言，更不能"知识愈广而人欲愈滋，才力愈多而天理愈蔽"。只要大家都拿出"一念不可放过，一时不可放过，一事不可放过"的精神来，时刻摸着良心做事，如此自会促进和谐大同、万理灿然，即此便是光明自在人心，良知通体遍照！而由上所述，我们不难看出，儒家"似宗教而非宗教，非艺术而亦艺术"，此言真实不虚。

3. 知来藏往一体，圆神方智不二

"知来"与"藏往"一体，是说中国的文化精神是充满了历史意识的。应该说，在一定意义上，历史与现实间是一种新与旧的更替，而现实与未来间却是种新与新的递嬗，而这"新新"的递嬗是否就全然与"新旧"的更替没有联系呢？在我们中国

文化的精神中,当然并不如此看。"神以知来,智以藏往",只有以智慧(智)来整理史实,才能以史识(神)去照见未来,此即是中国文化历史意识的风姿之所在。

历史意识(史识),简单而言,就是人们对史实进行总结、提炼的经验理性和思维观念,其意义在增进民族的向心力、建起文化的认同感,培养出"上穷碧落下黄泉,动手动脚找东西"的求索耐心,并塑造出"能将忙事成闲事,不薄今人爱古人"的借鉴精神,使探索与反思交织、继承与批判融合,而加深对现实的理解和对未来的洞见,正所谓"观今宜鉴古,无古不成今"。在此意义上,这也正如钱穆先生所说的:"欲其国民对国家当前有真实之改进,必先使其国民对国家已往历史有真实之了解。"[1]

那么,通过历史到底可以得到哪些借鉴,又可以避免哪些覆辙呢?那当然太多了,这里仅举一例,正如本人此前在探究清末时期法制史时写道(晚清时期):"当'克己复礼''天下归仁'等传统的意义世界在西方武力扩张和文化侵入的时空背景下渐发崩溃,国人的精神层域也随之出现了前所未有的重大

---

[1] 刘梦溪主编.《中国现代学术经典·钱宾四卷》,河北教育出版社,1999年版,第1390页。

危机时，人们越发清醒地认识到：技艺的落后为小落后，而制度的糟粕是大糟粕。列强之所以强盛，不仅是因为技术先进于中国，更在于制度文明于世界；而制度之所以能兴盛，不仅是因为思想观念的智慧，更要能有根本法典的确立……晚清的中国，有王韬、郑观应等早期思想家对西方文明的不断介绍，又经过维新变法运动对专制体制的猛烈批判，再加之日俄战争中立宪国家日本战胜了专制国家俄国这样由立宪致强的典型实例，以上这些均为预备立宪的实然发生提供了很大程度的观念理解基础和认同思想环境。在这样的历史背景下，国人们的立宪热忱逐渐形成，舆论音声日显清晰，认为一己一姓的私有国家怎可抵挡立宪改革的潮流大势！改革之必要已然无须怀疑，立宪之呼声已渐起于四方，面对晚清王朝的江河日下与立宪舆论的怒潮声呼，在这样的舆论压力下，时间并未多久，清政府的主政思想也开始随之发生转变，出现了向立宪求治道的思想转型。"[1]

但是晚清的预备立宪无疑是失败的、倒退的，"权力的牵制格局却并未因此而准确形成，人治的文明瓶颈也并未因此而真正

1　出自笔者在桂林读书时曾写之论文《论晚清中国的预备立宪与意义之维》。

突破，因为以'私'的发心终不能入'公'的堂奥，清廷一方面将立宪作为维持统治的自全之路，另一方面也将立宪作为脱离民本的独行之路。这种在预备立宪中的宪政精神缺失和私心狭隘作祟也在以史实的光影告诫着人们：无论何时都应本着摸良心、致良知和求良效的态度来实现公权的自我规制。"[1]

应该说，公权的自我规制直到今天仍是需要重视的一个课题，而在以往的历史中，为了保住自己的小枣，不惜焚毁别人的房屋；为了维持一己的朝廷，不惜牺牲举国的利益，这种事例，比比皆是。对此，需要说的是，如果任由历史传统的狭隘延续下去，文明的脚步就只能小步向前，而我们应努力止住某些不良的历史惯性，从历史中发现问题，而在现实中予以避免，如此才能期待出现质的飞跃。

由上所述，不难看出，历史的场域唤醒着人们的危机意识，历史的经验拓展着人们的思辨世界，而以往的意义世界正经历着岁月的沧海桑田，本土的文化资粮也在历经着外来的异质挑战，以上这些又在很大程度上进一步推动着人们主体意识的觉醒和藏往知来的自觉。特别是对我们中国人来说，经、史、子、集中

---

1 出自笔者在桂林读书时曾写之论文《论晚清中国的预备立宪与意义之维》。

的"史"自古以来在读书人的求知结构中就占有很大的比重。而除了这些知识分子以外，在一般民间，即便是乡野田间的愚夫愚妇在哀叹眼前遭受的不公时，也会说"人心不古"；在谈及某一不好的现象时，也会说"世风日下"。可见历史在中国人的思想深处占有很重的分量，而绝非单纯的史事。应该说，"尧舜禹汤，宪章文武"是中国人无论在庙堂之高抑或是处江湖之远都一致向往的一种崇高，"慎终追远，民德归厚"是百姓们无论在廊庙之日抑或是在草野之时都不能忘却的一种品德。因此，历史，对于我们中国人而言不仅仅是考据的凭借，而更具有崇高的意义，它体现在中国人追念祖先、崇尚古训和承继古礼等一系列的传统民俗之中。而我国古代的历史文献浩如烟海、翔实的地方方志汗牛充栋，这些都是我们中华民族的宝贵财富，也是我们承古开今的治学基址。由此我们可以说，在一定意义上，西方人的"永恒"大多寄在彼岸的天国，而我们中国人的"永恒"则恰是在于悠久的历史，"历史是一部大人生，人生是一部小历史"，使历史与人生彼此融通，则人生更多了神交古人的厚重，而历史也多了超越时空的鲜活。

还须看到的是，"藏往知来"还有着更为重要的意义，那就是通过对历史的铭记，将我们中华民族自古以来的优秀品质，特别是将为国捐躯先烈们的那种一以贯之、不怕牺牲的英雄精神予以传承;将在反侵略战争中志士仁人们的那种虽历经磨难、饱尝艰辛,但依然自强不息、血勇向前的无畏精神予以传承。总之,历史能让人们获得一种心灵沐洗,而也只有将先人的苦难都烙印在民族的心里,才会使人们学会珍惜今天的一切。

就目前来说,我们不断追忆抗战历史,这当然是为了让人们勿忘侵华日军当时对我国人民犯下的滔天巨罪,进而挞伐日军侵略暴行,来为无辜英灵讨回公道;还有就是要把抗战时期那些为民族生存独立而战、为国际和平正义而战的英烈们的英雄精神传承下去。人格是国格的基础,民魂是国魂的保障,历史让人们明白:要以人格之光来聚起国格之光,并以民魂自强来撑起国魂自强。也正是在此意义上,人格、国格,民魂、国魂都离不开历史的给养。

以上言及了"藏往知来",下面再谈谈"圆神方智"。

"圆而神""方以智"均是《易经》中词。"方"由直线构成,给人感觉劲直、挺拔乃至奇崛、高耸。"圆"由曲线构成,给人感觉舒展、柔顺同时运动、活泼。方、圆,诚然属于数学范畴,却也是组哲学概念。中国的传统典籍《易经》中讲:"蓍之德圆而神,卦之德方以智。"何意呢?韩康伯对此解释说:"圆者运而不穷,方者止而有分。言蓍以圆象神,卦以方象知也。唯变所适,无数不周,故曰圆。卦列爻分,各有其体,故曰方也。""蓍",简单来说就是"卜",但其更多是期望依靠神示来预判吉凶;"卦"虽然也是卜,但却更多是依靠阴阳两种符号的组合结构,并按已成系统的运演模式从而推理出未来事物的发展规律。因此,"圆而神"较"方以智"来言更主观且更抽象。而随着时间的推移,在人们后来的习用上,用"圆而神"来表达普遍性的、更抽象的哲学理,而用"方以智"来表达特殊性的、较具体的事物理。特别是在历史著述方面,清代史学家章学诚将著史分为"撰述"与"记注"两类,认为:"撰述欲其圆而神,记注欲其方以智也。夫智以藏往,神以知来,记注欲往事之不忘,撰述欲来者之兴起。故记注藏往似智,而撰述知来拟神也。藏往欲其赅备无遗,故体有一定,而其德为方;知来欲其决择去取,故例不拘常,而其德为圆。"由此也可以看出,"撰述"联系"知来",而"记注"则关乎"藏往"。

而"撰述"为什么要有"圆神"的精神在呢?这是因为,既然是要以史实光影放出折射,那么在撰述历史时就应具有史家眼中的"我"字,不能人云亦云,更不能官腔官调。举个例子来说,

《史记》是司马迁眼中的历史,其之所以被称为"无韵之离骚,史家之绝唱",其中一很重要原因就是书中有一大大的"我"字贯注始终!而比较起后来的官方修史,则都是史官们为了历史而历史,忽略了"我"眼中的孰轻孰重、孰是孰非。因此,撰述正需要"圆神"那种"智周万物""量同太虚"的精神贯注在内,也就是既在史实上聚焦,更在意义上察考。而"记注"为什么要有"方智"的精神在呢?应该说,既然是为了纯粹、客观地考证历史,那么就也不应该有"我",不能将个人主观的好恶作为是否录史的标准,而应尽可能地还原真实的历史。对此,"方智"那种条理分明、一丝不苟的精神,正是"记注"历史所最需要的。另须说明的是,对于历史,无论是微观上对某人物的了解,抑或是中观上对某事件的挖掘,乃至于宏观上对某一时期深层历史结构的把握,都应以史实做基础并以史料来证明,绝不能为迎合利益的需要而背弃真实的史实,那些没脊梁的历史学者就好比是没命根的宫廷阉人,歪曲历史无疑是一种无耻的欺骗和操守的不公。

再进言之,由"方以智"所得的具象的事物理,因其是一种对特定事物的概念把握,故此"理"必不能在一物的特殊性和万物的普遍性中达致一种平衡,因此就需要"圆而神"的精神来补充、来和睦,使特殊的事物理"空"其特殊性而"融"

至普遍性的哲学理之中。这也正如唐君毅诸先生在《为中国文化敬告世界人士宣言》中所用到的词"才起即化"所表现的那样,"即如一直线之才向一方向伸展,随即运转而成圆,以绕具体事物之中心旋转。此即为一圆而神之智慧"。举例来说,火药是由中国最早发明,但其在中国民间的作用不是杀人的利器,而是节日的烟火。这是为什么呢?因为火药天生所本有的杀伤性的事物理才一缘"起",就立即融"化"到了深植中国人思想中的"和"的哲学理内,因此说是"才起即化",也就是不待其明显,就已经由心灵而"超化"。而还应看到的是,如果人们的知识只是由一个个特殊性来组成,而没有一普遍性来统贯的话,那么这些知识只能是散弱无力、断了联系的,并也只能永远是竹头木屑的零碎聚合而永无一间半架的建筑结构。与此同时,这些特殊性间也未必相容,所以,必人能"才起即化"才不至于走向偏颇,而这也正是与物宛转的"圆而神"的智慧之所在。同时,能有此智慧,还是那句前文已引的至恳的话,"在知识世界,则他成为认识主体,而超临涵盖于一切客观对象之上,而不沉没于客观对象之中,同时对其知识观念,随时提起亦能随时放下,故其理智的知识,不碍与物宛转的圆而神的智慧之流行,而在整个的人类历史文化世界,则人为一继往开来、生活于悠久无疆之历史文化世界之主体。"[1]

总结起来，可以说，由科学理性得来的实证知识要有棱有角，不能模棱两可，因为其表达着思维和存在高度统一的维度，此种维度，在中国传统观念中，名之曰"方以智"。而由哲学态度观照的具体知识能彼此调谐、海纳百川，因为其表现着人们反思思维和存在关系的维度，此种维度，在中国传统观念中，名之曰"圆而神"。

当然，若再进一步细究"圆神"和"方智"的关系，不难发现其至少还有两个特点是十分明显的，即：

（1）一动一静。"圆神方智"既源于《易经》，而《易经》的致思方式在很大程度上则是一种观物取象的模式，正如《系辞》中云："仰则观象于天，俯则观法于地，观鸟兽之文，与地之宜；近取诸身，远取诸物，于是始作八卦，以通神明之德，以类万物之情。"通过观察万物进而由外及内地反思自身、看到了"天圆地方"。"圆"，变动不居正像是天象万千；而"方"，静谧从容恰似是大地安忍，所以古人又说："天行健，君子以自强不息。""地势坤，君子以厚德载物。"

---

[1] 语出：《为中国文化敬告世界人士宣言》。

（2）一刚一柔。乾天象征刚健。"天行刚健，仁者必勇""刚健笃实，辉光日新"，都是对此精神的形象表达，而此自强不息的精神亦始终为古往今来无数的侠风文士们所推崇。应该说，在我们中国的历史上诚然不乏许多阿谀谄媚、魑魅魍魉的阴险小人，但还更有着不悚不惧、不屈不挠、砥砺道义、流血向前的志士仁人。他们有的为人洗冤白谤、有的一心为民请命，还有的如玄奘法师那样"宁往西天一步死，不向东土半步生"，为了真理而上天下地地求索！这些精神才是中国脊梁，正是由于他们的崇高才有了我们精神的高地，才保证了我们中华文化能屹立数千年而不倒、历经大风浪而不衰。

坤地寓意柔顺。"坤至柔而动也刚，至静而德方"，与天相比，大地安静端方、朴实厚重，虽然柔顺但仍刚直不阿、承载万物，正如《中庸》中言："载华岳而不重，振河海而不泄，万物载焉。"无论优的次的，大地都一一承载；不论美的丑的，大地均不离不弃，始终保持公正无私的品质。虽然如此，但大地"方"的品质除了柔的一面，同时也含有转化的一面：地震时，天崩地裂；海啸时，排山倒海，那种气势自然无与伦比、所向披靡。需要说的是，在我们中国人的精神中，大地"方"的品质又是从何体现呢？应当讲，一个很重要的方面就表现在我们中国人素来爱好和平，但又从不惧怕战争，当侵略来的时候，无数先辈都能肩负起家国使命，精忠光日月、正气壮河山，不畏强暴、杀身成仁。举一史实来说：

赵一曼女士既是一位慈母，更是一位英烈。在从被日本鬼子抓住到最后走上刑场的数个月的时间里，她经历了极其残虐的种种酷刑，最后即便身体已到处都露白骨，也仍然坚贞不屈，始终未曾说出东北抗联的任何情报。

据史料记载，负责行刑的日军大野泰治等人几乎用尽了举凡一个虐待狂所能想到的所有酷刑：将烧红的铁签扎满十指，将热辣椒水和凉的汽油交替往喉管与鼻孔里灌，他们还无耻地用钢针、电流等插入一曼女士的尿道深处……最后，敌人还使用了类似凌迟的剐肉剥骨。为了不让一曼女士因极度疼痛而持续昏迷，他们总是在行刑前给她注射超大剂量的强心针，一旦清醒，就继续用刑。可一曼女士即便在疼痛已达极限的时刻仍在怒斥日军的各种无耻，敌人的残忍撼不动她的尊严、颠不破她的信念。她始终说："我的目的，我的主义，我的信念，就是反满抗日！"

应该说，和蔼的慈母与无畏的英烈正是一体的两面，而绝非不容的两极，方与圆、刚与柔、动与静等在我们中国文化中绝非静止孤立的，而恰是"底里"不二的。这个"底里"就是人们有着希望乾坤并建、天地同光、"人心与天地一体，故上下与天地同流"的那种对"真、善、美"的崇敬和追求。进言之，乾天的"圆"与坤地的"方"共同构成了此一世界，所以，"天圆地方"的宇宙观与"和而不同"的人生观两者在本质上也是一而不是二。"圆神方智"此种智慧也在告诉人们：人生既要自强不息、刚健无畏，也要柔顺利贞、方正无私，同时还要能如天一样浩瀚无穷、圆转如意，像地一样厚德载物、德合无疆，如此正是"观天地生物气象，学圣贤克己功夫"！

还应看到的是，中国古人能时时本此"圆神方智"的智慧来证生命本真、观天地事理，并本此智慧在治学上推陈出新，与人论学有如天籁流行。对此，过去姑且不论，来者必定可追，我们今天只有抱此态度来求同存异、相互沟通，才能冲破一迷境而再得一进境，使无论东西方的人们都能胸怀宽广、和睦包容，彼方难处、感同身受，从而无论哪个地方的人们，虽有各自不同的特殊性，但都有满腔相同的慈悲心。特别是对今天的西方人而言，方智有余而圆神不足，"西方人亦必须有此'圆而神'之智慧，乃能真与世界之不同民族、不同文化相接触，而能无所阻隔，并能以同情与敬意与之相遇，以了解其生活与精神之情调与心境，亦才能于其传统文化中所已认识之理型世界、知识世界与上帝世界外，再认识真正具体的生命世界与人格世界。"[1]

最后，可以说，"圆而神"似海纳百川，而"方以智"如壁立千仞；"圆而神"似与世无争的老者，"方以智"如眼不容沙的壮年。"平常一样窗前月，才有梅花便不同"，我们只有将"知来藏往"与"圆神方智"的智慧应用到实际生活中去，才能少走些弯路，从而既不食古不化，也不食今不化。再引钱穆先生所言："知来必本于藏往，圆神必本于方智，此中国史学之极妙深意所在。""历史上之过去非过去，历史上之未来非未来，历史学者当凝合过去、未来而为一大现在。"其实，不单单是史学，大至宇宙、小至尘埃，只要从事于文明建设，都需要我们深切体会中华文化中的这种"极妙深意所在"，"贵神人而一物我，超时空而齐后先。"

4."本来无一物，何处惹尘埃。"

这是慧能大师的禅语，全句是："菩提本无树，明镜亦非台。本来无一物，何处惹尘埃。"禅，指向空灵悠远的美、旨归物我一如的真，并直指人们的生命本真。而也正因有此襟抱，一种"没有束缚，何来解脱"的洒脱境界，直接融入到了人们的心中，

---

[1] 出自笔者在桂林读书时曾写之论文《论晚清中国的预备立宪与意义之维》。

这是我们中华文化中博大精深的重要内容。

禅,让人解悟世间的"空","凡所有相,皆是虚妄",从而让人放下种种包袱、脱掉层层挂碍,并摆脱理性与意志的执着,认清痛苦与烦恼的假象,进而达致"万古长空,一朝风月"的超脱,使与天地精神独往来。禅的境地,不能概念化为某种道理或言语思想,也不能简单化为某种标准或示范模本,而是自我当下对生命本质的真切醒觉。它并非要求人们抛掉寻常生活来求非常的道,而是认为"运水搬柴,无非妙道;锄天种地,总是禅机",认为"悟"可发生于吃饭穿衣、寻常日用乃至于人我是非之中,"忙碌中、是非中、动静中、十字街头都可参禅"。正是因为证悟禅境能让人不为外境所迷、不为物欲所惑,不自寻烦恼,也不作茧自缚,所以能在心内最深的体悟上把眼前无常的外境都化为触目皆真的欣赏,"不是风动,不是帆动,仁者心动"。

禅,是动中极静,也是静中极动,"静穆的观照与跃动的生命构成艺术的两元,也构成了禅的心灵状态"[1]。禅境中,对立被消解、两极被破除,"世界万物,佛我僧俗,主体客体,此岸彼岸",都是无二无别的。这正如《坛经》中说:"日月星宿,山河

---

1 宗白华.《美学散步》,上海人民出版社,1981年版,第83页。

大地，泉源溪涧，草木丛林，恶人善人，恶法善法，天堂地狱，一切大海，须弥诸山，总在空中。"正是这种"心生则种种法生，心灭则种种法灭"的超相感悟，使中国人的心灵中更多了空灵超旷的境界，甚至将古人以往追求的人格世界，又再进深化为一种心性世界。对此，宗白华先生认为："'于空寂处见流行，于流行处见空寂'，唯道集虚，体用不二，这构成了中国人的生命情调和艺术意境的实相。"

当然，"本来无一物，何处惹尘埃"，虽然否定执着在"有"，但也不是痴迷在"无"，"谈空反被空迷，耽静多为静缚"，而是"空有不二""真空妙有"的大境界，正所谓："游鱼相忘流水，流水相忘游鱼，即此便是天机；浮云不碍太空，太空不碍浮云，何处别有佛性？"佛家的此种境界更给中国文化带来了生机——对传统儒学，它促进了心学的兴起；在艺术领域，它促进了意境的神往，如此等等，不一而足。应该说，在传统中国，佛家的宗教形式诚然只是约束信众，但其思想境界却没有任何受众局限。很多儒家学人都曾对佛经有过深切研究，对佛理有过深入理解。而就中国文化的整体言，佛家思想则让人们更进一步体认到了文化建在人心之上，人文世界的大本大源正是心性世界的流露生发，而为心性所包含，并由此从注重浅层的尊卑秩序和中层的礼义廉耻深入到了注重里层的心性世界，而此种重心向内的体悟恰恰是文化阶梯的升华。

还须看到的是，对于传统儒学来说，要么拘泥于礼教形式而空有其表，要么束缚于科举考试而已失精义，不少读书人都陷入了嘴上道德文章而实私欲满腹的劣况。佛家思想则给本有文化带来静气，让人们不离开变动万千的世界而感悟到深邃悠远的空灵，在分别的尘世中体悟无别的自性，在有限的象体里感悟无限的意境。"若能转物即如来，春暖山花处处开"，诚然世事各种律动，心境却是一片静穆，水流花开、水清月现。而此种襟怀再经与本有文化之融合，至宋明儒学兴起，"心虽主乎一身而实管乎天下之理，理虽散在万事而实不外乎一人之心"，认为只要持守万境中的心的根元就能达到"此心光明"的圣人境界。应该说，这些无疑都给利禄尘世带来了些许清凉，让有志于道的人们能从中汲取精华，如蒋梦麟先生所说："自宋以来之儒家，可以说没有不涉猎道家哲学与佛学的。儒家思想之洒脱，实因受其影响而来。"[1] 从而在有限与无限、有形与无形间，悟出比先前更广阔的生命感、历史感和境界感。而王勃在《滕王阁序》中写："落霞与

---

[1] 出自笔者在桂林读书时曾写之论文《论晚清中国的预备立宪与意义之维》。

孤鹜齐飞，秋水共长天一色。"正是因为在这样的远近交互和动静交织间，才发出了"天高地迥，觉宇宙之无穷；兴尽悲来，识盈虚之有数"的感叹。这种尽得风流的大美之境正是精神意蕴的深层掘进。同时，唐代惟信禅师讲："老僧三十年前未参禅时，看山是山，看水是水。及至后来，亲见知识，有个入处，见山不是山，见水不是水。而今得个休歇处，依前见山只是山，见水只是水。"起先心随境转，之后境由心造，然后至"万象随缘观自在，鸟啼华月笑临溪"，指向"华枝春满，天心月圆"的大圆满境，中国文化的灵气尽在于此。

综上所述，佛家那种"坚固心历久不变，平常心动静一如"的思想光芒，所指引人们的不是没有生机的死寂，也不是对生命的背反，而是以自己的方式来告诉人们"令心所向皆无碍，当净其意如虚空"。同时，佛法慈光还使原有儒家甚少关注的问题得以凸显，促使其实现从重秩序向重心性、从重现实向重本体的关注层次的跃迁。应该说，无论是程朱理学抑或是陆王心学均有关于本体问题的系统思考，而这是在传统儒家的思想延展下所难以自主实现的。对此，南怀瑾老师曾指出："佛学不来中国，隋唐之间佛教的禅宗如不兴起，那么儒家思想与孔、孟的'微言大义'可能永远停留在经疏注解之间，便不会有如宋、明以来儒家哲学体系的建立和发扬光大的局面。幸好因禅注儒，才能促成宋儒理学的光彩。"我们不得不说这是佛家思想对中国文化的贡献之一，使其在原有道德宇宙的观念围域上更拓宽了一步。而还须看到的一个规律是，"取法乎上，仅得乎中；取法乎中，所成斯下"，我们不能否认在传统儒学这种"取乎中"的层面下出现了不少以"道德"自饰并以"道德"戮人的所为，可以说，如若没有佛家思想"取乎上"的加被，这些所为则只会更多。而随着阳明心学的出现，虽然不能把以往阴霾均一扫而空，却也在一定程度上致力让国人不落于欲望和禁欲的任何一边，"悟后六经无一字，静余孤月湛虚明"，在更合理的路向上，勉励人们不断深化、转化和净化自己的生命。

三、今天的文化责任：超越东西方

1951年夏，法学家吴经熊先生用英文写了《超越东西方》一书，叙述其一生的人生经历和心路历程，是他自传体的著作。本人于此借用"超越东西方"这一名称，来说明我们今天学人的责任，于此也向吴经熊先生致敬。

应该看到，诚然东西方文化精神的第一关注点不同，但"东圣西圣，心同理同"，无论东方文化还是西方文化在根本追求上其实是一而不是二的，那就是：向内不断触及心灵更深的深度，向外不断追求科学理性的认知，找到宇宙根本秩序，实现万物和谐共融。我不同意利用和改造自然的提法，"利用"很难听、"改造"瞎吹牛，自然不是人类目前或今后文明所能改造或驾驭得了的，有可能左右浅层的运转，但不可能驾驭底层的规律。同时，自然"骨子里天生就流淌着不屈服的血"，自然规律没有被消解，其精神就未曾有屈服，人类又妄谈什么"改造"呢？所以，无论是东方还是西方，首要要做的就是谦虚，而谦虚也正是承担起今天文化责任的一大基础。

承担起今天的文化责任，学人们要努力做到如下"三种之境界"。

1. 批判传统的传统承继

先须说明的是，为什么用"境界"一词，这之中难道也有次序先后的问题吗？其实是有的，虽然简单回归"传统"的老路不行，切取诸"传统"的做法亦危险，但脱离了"传统"无以言"当代"、脱离了"本位"也无以言"外来"。所以传统仍然是基础，没有对传统的科学态度，也就没有对文明的泉源把握。那么,对于传统文化我们应抱持怎样的态度呢?应该就是:批判传统的传统承继。

(1)先来言批判。传统文化的精华我们当然要继承,而传统文化的糟粕我们也必须批判,例如:小农意识、人治思想、等级观念以及因循守旧的作风和消极两可的态度等,我们只有破除这些封建栓结才能使文化重新生发生机。可以说,新生的现代力量较难使惯性的历史车轮停步,糟粕的历史因袭仍在某些方面或多或少地阻滞我们今天的发展秩序。这些消极影响表现在很多方面,举例而言,由于我们中国人一向重心灵磁场而不计外在场域,因而对自然现象的求解较少,再加之我们一向重视对事物的宏观理解,往往缺少一种逆向思维,这样发展下来的结果,就造成了我们与西方相比,缺少了逻辑推理的能力和解构分析的能力,使得我们自然科学不发达、数理几何未普及。

再如,"君子和而不同,小人同而不和",由于我们中国人一向重"和"的观念,因此在历史长河中就渐渐形成了一种屈己从众的性格和不敢创新的保守,在处理问题时总是放弃自我主张而盲目地跟从多数。大家肯定都过过马路,在过马路时,明明是红灯禁止通行,可看见大多数人都违反交通规则地过去了,很少有人能坚持等着绿灯亮时再通过。可以说,这种盲从习气根深蒂固,其至还有不少人不敢拒绝无理要求、或明或暗取悦他人,无论是碍于情面的不好意思拒绝,抑或是出乎惧怕的不敢开口拒绝,这些事例比比皆是。而此无原则的顺从、无理由的接受的"自我矮化"习性也在一定程度上造成了对权力的过度崇拜和对上级的过度恭维。"情面"总是成为公正公务的绊脚石和违法违纪的形成因,这也不禁让人们联想起鲁迅先生所说的:"中国一向就少有失败的英雄,少有韧性的反抗,少有敢单身鏖战的武人。"需要认识到的是,特别在公权领域,要想做称职的人民公仆就必须消除亦步亦趋的羊群心理,并充实坚持真理的"武者"精神,要拒绝做迫于群趋群势的压力而选择顺从多数的软骨。

所以,要想脱胎换骨就必须批判糟粕,但批判也不是随意地评头品足,抑或是苛求古人。在对待传统的态度方面,我们不能还未知底里就随意拿来诘难一番,也不能以超时空域的今人视角故意地刁难,说传统文化这也没有、那也不行。要看到的是,当历史经过清末民初那种认为中国事事都落后、件件不如人,只有全盘西化才是救亡之方的全面反传统的时期,人们在今天已更清醒地看到了文化的民族性和历史的承续性。对西方,不能再糟粕、精华照单全收;对传统,也不能再彻底排斥本有文化,以往轰然坍塌的传统价值需要我们今日重建。因此,对传统文化我们不能全然批判，只要切实做到在"精华"与"糟粕"上不混淆、在"适应"与"协调"上下功夫，传统文化必定能为我们今日文明发挥效能、增添助力。传统文化虽然有糟粕，但其历史的光辉和现实的价值也都不是某个人或某时期就能抹杀得了的，有可能会抹杀一时，但终不能抹杀永久，特别是在当前道德滑坡、人心冷漠甚至呈现出一定程度腐朽畸形的情况下，找到道德重建的民族底数肯定还是要靠传统，由此也更迫切需要我们对传统文化进行系统的梳理和科学的扬弃，实现与时俱进的现代转换。

（2）再来言承继。中国传统文化，糟粕方面前已言及，而精华方面也同样不能抹杀。它就像一颗璀璨的明珠，能以荧荧之光照亮周边世界。一方面，它文以载道，是民族精神的脊梁；另一方面，它化成天下，是世界文化的组成。面对传统文化，我们的最终落脚点还是应在"继"字上。我们不能苛责古人，不能以今天的种种眼光来加诸历史的场域中去，具体来说，对于儒家文化，我们要体谅孔子创业的艰难；对于道家文化，我们要体思仙风道骨的洒脱；对于佛家文化，我们要体悟慈悲为怀的存心。而对传统文化的其他方面，应该说，只要是有益于世道人心、有益于文明增益的我们都应承继，而不能令其到此失传。

方东美先生曾这样评价自己，很能引人深思，他说："在家学渊源上，我是个儒家；在资信气质上，我是个道家；在宗教兴趣上，我是个佛家；在治学训练上，我是个西家。"需要看到的是，不同的文化不妨碍集中一身，也不妨碍共用一处，种种文化能交织合力，共同给人一种心神的革新，使灵魂得到升华。而对于儒家文化，争议总是很大，褒贬也难统一，不过通过本人前面的抒写可以看出，本人推崇的儒家文化，是阳明良知之教和大学知止之道，并不是孔子儒家的空言道德和尊卑差等。不过也要看到的是，当孔子在阐发他的学说时，文化是从零星点滴到初具规模、从疏离散乱到初作总结的阶段。圣贤的良苦用心，庸夫们岂能测度，也"必非可以寻常庸人之眼、之舌所得烛照而雌黄之者也"[1]。而后世阳明之学如果没有儒家母体孕育也自然难以出现，也正是在此意义上，"天不生仲尼，万古如长夜"，此一说法并不为过。

20世纪20年代前后，在胡适、傅斯年等先辈们的带领下，"整理国故，再造文明"的风气兴起。可以说，这一理想并不是个别学人的简单崇古，而是诸多先辈的共同愿景；不是倏忽而来的偶发之举，而是文化内在的发展规律；不是不想改革的消极策

---

[1] 梁启超.《李鸿章传》，百花文艺出版社，2008年版，第2页。

略，而是谋求开放的积极革新。总之，无论从何角度看，"整理国故"都有其历史原生的因子存在。胡适先生为整理工作指出三个方向："第一，用历史的眼光来扩大国学研究的范围。第二，用系统的整理来部勒国学研究的资料。第三，用比较的研究来帮助国学材料的整理与解释。"[1]应当讲，正是在这样的号召下，使我国出土的竹简、古籍等文献以及甲骨文、金文等古字均得到了一定的整理和研究。此时期内，虽然人们在治学态度上有泥古、疑古、释古等不同，但传统溯源却是文化规律上的一种自然、必然且应然的趋势。同时，还要看到的是，只有"整理国故"，才能"再造文明"。而"再造文明的下手功夫，是这个那个问题的研究；再造文明的进行，是这个那个问题的解决"，从无疑到有疑，并从有疑到无疑。"莫问收获，但问耕耘"，如此下去必会有所收获在心间。

再将眼光收至今天，学习传统文化虽已日渐普及，但整理国故工作却仍少有问津，古籍修复、版本校勘、古字研究和敦煌之学等都少有专精，随之出现的却是国学虚热和大师泛滥等浮躁现象，与典籍原本渐行渐远、与文化要旨日生日疏。而再经过这些

---

1 胡适.《容忍与自由》，法律出版社，2011年版，第36页。

所谓"大师"的讲解,更使人们陷入到了不深研古人著述,却盲信今人诠释的误区;不与古人进行心与心的触碰,却与今人进行知解上的辩难。这不禁让人感到本末倒置、学不得法,如此发展下去,还会让人们觉得传统文化也无非是浅显而不深刻的教条集合抑或是零碎而不统整的玄学虚无,造成人们失去对传统的敬畏之心。同时,浮躁的现象在某种意义上也反映出了真正国故的研究状况的式微和安身立命的无力,由此也使得我们不得不去思考对于传统文化到底应该承继什么的问题。

应说的是,我们承继传统,不仅是因传统中有历史的光影,而且因传统中有未来的向度,体现为一种对崇高精神的向往。比如,传统中虽有"读书但愿登科地,得不为荣失便羞"的对权力的崇拜,但同时也有"不求当官称能吏,愿共斯民做好人"的对人格的期许,为官先不指望在业绩上有多出众,而在德行上先要没污点,和百姓一起共做好人。可以说,这样的思想不仅适合于过去,同样也助益于今天。如果广大干部们都能以此种道理来自勉,我们的作风建设当然也会更上一层楼。所以,对"崇高"的向往应是我们承继的核心,同时将几近失传的古文字学、中医古方、民间古艺和出土文献等,以及传统的校勘学、辑佚学和辨伪学等作为我们拯救的重点,这才是当前人们面对传统的应有态度。

进一步来说,传承"崇高"就是要传承古人伟大心灵中所承受的那份灵魂之重,如"苟利国家生死以,敢因祸福避趋之"的爱国情怀、"人生自古谁无死,留取丹心照汗青"的牺牲精神和"立品当如山有岳,持身要比玉无瑕"的修身崇德等,这些才是我们中华民族的精神底气。而《三字经》《百家姓》和《千字文》等启蒙读物,有没有意义呢?当然有意义,但意义并不十分明显。我们虽然应予推广,但只能把其作为"敲门砖"而不能将其作为"压舱石",比之较少人知的阳明良知之学和佛家慈悲之教才具有对我们社会更为深远的意义。还应看到,国故的深层价值在今天不是简单的浅尝辄止就能理解得了的,它就像一个光源,只有充满热忱地接近它才能感受到温暖;它也像一座宝藏,只有充满敬畏地深研它才能收获个一二。同时也正如陈寅恪先生所说的:"惟此独立之精神,自由之思想,历千万祀,与天壤而同久,共三光而永光。"也只有将独立的精神和自由的思想贯注始终,时时有我见,不轻信人言,才能渐渐悟入"六经责我开生面,七尺从天乞活埋"的大光明境。

2. 反思时代的时代追求

时代发展到今天,法治观念已代替了人治思想,地位平等已取代了身份尊卑，在很多方面都有着非同寻常的进步。应该说，成绩不容否定，而倒退没有出路。但也须看到的是，在我们目前的发展过程中也出现了一定程度的"时空交错"，也就是说，在西方发展进程中所原本依次出场的前现代、现代和后现代问题，在我们当下却共时出场了：物质丰盈和精神不振的相对背反、发展收获与付出代价的孰是孰非，以及生态环境问题和文化虚无倾向等，以上这些都构成了我们反思时代的促成之因。特别是文化方面，正如梁启超先生讲："武备不修，见弱之道一；文化不兴，见弱之道百。"不少人将空泛无归的东西作追求，而认劝人以方的东西没意思，这种"耻言崇高"的倾向更不得不令人深思。

当然，我们反思时代问题，并不是说要背离时代发展，甚或自我放逐、自我逆反。我们之所以要反思，是因为要避免单纯求进而不顾平衡、单重一隅而忽略整体，希望能化解矛盾，进而能过滤澄清，并推动发展层次的升华。从人类发展的规律看，不管从前任何时候也不论将来什么时期，发展的进程总难以避免某方面的片面，但有片面不怕，怕的是没有反思的意识和规范的自觉，这就需要我们能以立诚的态度来对发展的问题进行一种有深度的反省、有力度的矫正和有向度的引导。同时，还须说的是，随着全球联动的不断推进，一地一域的问题随着彼此交往的深入，往往就成为普遍的问题，不再是某一区域的专利性问题，而成了人类全体的时代性课题。这也就给我们带来了一个十分棘手的难题，那就是面对日新月异的发展和从各方来的思潮，我们的文化能否抵制外来的"腐蚀"？我们的心神能否不被贪婪所"异化"？

诚如前面所言，传统是过去某时的时代，时代也会是未来某时的传统，传统与时代本身就是相对而言的。但如果我们的学人们没有开放的胸怀、时代的视野和反思的态度，只是一味埋于传统的话，那么我们自身不仅会被时代所淘汰，面对外来的新奇与多变，传统也会被如潮的信息所淹没，人会更加利欲熏心，心也漂泊无定。而文化磁场则牵引人的思想磁极，发展的终极动能最终还是落在文化方面。我们所亟须做的，就是要对传统实现创造性转化，并对时代进行能动性反思。通过文化方面传统意识和时代反思的交互，共同架构出时间序列的悠远和全球视野的广博，为我们当前时代人类的主体创造力和主观能动性发展得更合理而贡献力量。

那么，我们又该如何反思时代呢？我想，一个很重要的方面，就是学人要在求真务实的基础上敢讲真话，能有不畏强权的精神、能有不偏不倚的态度，必须改变没有"大家"的时代。

这是什么意思？听起来很"酸"，但却一点儿也不"腐"。进一步来说，因为大家绝不是那些言行不一、空喊口号的伪道学，而是能自利利他、挺然特立的真大德，像民国时期，如钱穆、胡适之和梁漱溟等先生就是如此。而像后来成为"御用"乃至"驭用"文人的某些诸君，可能学术造诣十分深厚，但学品根基却华而不实，往往成为为谋生路而讲违心话的伪学人。应当说，没风骨的知识分子恰似没根基的墙头之草。人们之所以过了这么久还很推崇胡适，并不仅仅因为那些脱离开胡适其人的单独思想，而且因为无论是在国民党统治时期，抑或是新中国成立之后，胡适先生都不依附权贵，也从来不随风摇摆，而是始终如一地为了心中所信而呐喊的那份刚直——当然，我们姑且不论胡适在特定时期的某些言论正确与否。再举一例言，新中国成立后，梁漱溟先生对毛泽东主席在文化上的某些做法不满，他曾当着主席和众人的面公开表示，如果主席改变了决定，他将一如既往地尊重主席；而如果主席依然坚持、不肯回头，那么他将收回对主席的尊重。可以说，这是一个知识分子无欺无伪的宣示，从这一层面言，像胡适之、梁漱溟先生这样的知识分子才可说是内外俱澈的一代大家。

而我们当下正缺少如此大家，似乎传统的学人品质一夜间就与我们今天"失联",思想造诣姑且不论,学人血性才更为可贵。应该说,学者要有良知,不能左右逢源、以学谋官抑或是模棱两可、大搞暧昧。当然了,这里的意思也绝不是让人们都只看到问题,而看不到成绩;都只会攻击,而不去找解决的方法,甚或抓着某一问题不放,唯恐天下不乱。需要说的是,当前,我国正处于实现中华民族伟大复兴"中国梦"的关键发展期,稳步前进,梦想成真;自乱阵脚,梦难实现。我们虽然要敢讲话,但绝不是讲一些哗众取宠、快活了自己却有碍于大局的话,也绝不是讲一些自以为高、凸显了自己却离散人心的话,因为这样都只会使亲者痛而仇者快。我们经过抗日战争、解放战争以及新中国成立后的些许弯路,已经错过了很多发展的战略机遇期,对于当前时代,我们必须抓住,因为实现中华民族的伟大复兴是我们所有人的共同心愿,学人们也要为此而不懈努力!所以,在此基点上,学人要敢对具体的问题发出具体的指正,对人们没发现的问题,要敢于提出来;对人们已看到的问题,要敢碰硬解决。

  同时,还有一个很重要的方面,那就是要注意"深入浅出"的问题。"深入浅出",顾名思义,就是用浅显的语言阐明深奥的事理;相反,"浅入深出"则是以高深的语言述说浅显的事情或是以复杂的思维推演浅显的问题,既包含语言上的,也包括思维上的。而从危害来看，思维上的危害无疑更大。与此两者相对应的，还有"深入深出"和"浅入浅出"两种，其含义依此类推，不再多言。需要说的是，除"深入浅出"是举重若轻外，"深入深出"和"浅入浅出"虽然也不圆满，但它们却都没有"浅入深出"那么有危害。也只有"浅入深出"是以复杂思维制造无谓矛盾，而这正是今天不少学人的一个通病。"深入深出"，是说本来问题就很艰深，研究者以缜密的思维和翔实的叙述来阐述高深的问题。这没什么不对，且正是做高等研究所必需的，因为这种方式本身就是为了学术深化而不是知识普及，其针对的群体是相同领域的研究者们。"浅入深出"则与此不同，怎么讲？有的学人放着重要问题不去求解，为了不担责任，一味"你好我好"，将大部精力都投入到一些不痛不痒的领域当中去，"专挑软柿子捏"，而这"捏"却也不是"浅入浅出"的简单捏捏。为了凸显自己的高深，为证明有"问题意识"，硬把一些不是问题的问题或浅显易懂的问题放大，还美其名曰："切个小口子，做个大文章"；甚至还有问题本身并不深奥，但却故意把话说得晦涩拗口来证明这个问题是何等"深奥"。应该说，这些都是瞎闹，即使形式上再符合学术规范，实质上也不过是学术失范。需要强调的是，我们不能为了高深而故意地小题大做，进得去、出不来、造成社会人心的负担，这不是什么好事情。我们当下所最需要的，借用梁衡先生所说，是那些："写一点有磅礴正气、党心民情、时代所须的黄钟大吕式的文章。"

最后，还要说的是，"'敬'是圣学一字诀，'中'是千古道脉宗"，我们反思时代，目的是引领时代；而批判问题，目的是解决问题，都要能本此精神而行。什么意思？"敬"是说，"20世纪后半叶，人类的科学新发现和技术新发明，比过去两千年的总和还要多，当代科学技术的发展呈现指数增长的趋势"[1]。科技发展虽会带来各样问题，但科技进步也是时代成绩，我们要倍加珍惜。而"中"则是说，不能因为"反思"就"不要"了，反思理性不等于背弃理性，反思科学不等于质疑科学，不能由此陷入怀疑一切的精神荒漠。还是那句话，走出文明的困境不能靠违逆历史的潮流，而应靠真切笃实的反思。总之，我们要在反思中引领时代，就要以物我一如的思想来调谐工具理性的冲突，以正面文化的能量来抵御物欲思潮的冲击，进而创造出融东西方文化精神为一体的哲学理性来，而这也就引出了我们接下来所要谈的：超越东西方！

1　孙正聿.《现代化与现代化问题》,《马克思主义与现实》,2013（1）, 第19页。

3. 超越东西方

这里所言的"超越东西方",是说在承继东西方文明、反思现当代问题的基础上,能将东西方文化精华合璧、推陈出新,既走出传统惯性的狭隘,也避免时代发展的失衡,从而实现文化的时代自觉,也即是一种"超越"。可以说,没有经过前两方面的批判——传统的传统承继而不陷于"古化"和反思时代的时代追求而不陷于"今化",就谈不上"超越东西方",而"超越"具体是指什么呢?就是指要从"古化"和"今化"升华为"化古"和"化今",实现既不"食古不化"也不"食今不化"的超越。应该说,"万法归一,一归何处",我们今天中国学人的责任就应定位为超越东西方。

先须说明的是,中国文化在很大程度上可以代表东方文化,所以"中国"与"东方"两词在此处文化的探讨上交互采用;而西方,我们不能抽出德国、法国或英国文化,单说它们能够代表西方文化的整体,所以需要以"西方"一词作为它们文化的统称。

我们说今天中国学人的责任应定位为超越东西方,对此,西方学人的责任又应是什么呢?关于此点,我想我不能回答,但仅从超越东西方的角度言,中国文化诚要比西方文化更具有包容性,在超越东西方上也更具有可能。应该看到,西方在经历了人与自然的逐渐分化、己与群体的日渐疏离后,个人主义越发明显,追求个性渐成普遍,这样的客观因素,在很大程度上造成了西方人走不出他那种积淀已久的文化"中心"心理,认为自身是文化之域的"核心",对于其他文化,要么只看到一种文化之表面,而看不到该种文化之底里;要么只看到一种文化之来路,而看不到该种文化之进路。

中国人则与此不同,自古以来,中国文化从未强调要与自然对立、要与群体分化,因此其包容性更广。同时,中国文化追求"天人合一",诚然在理解"天人合一"上,大家莫衷一是:儒家偏重天的伦理性,道家注重天的自然性,佛家则重天的自由性。但无论作何理解,中国文化中的"天",都绝不仅指有形的、自然的"天",也不仅指单纯的自然万物或天下苍生。应予认为的是,我们要吸融各家所长、绅绎共同襟抱,从而认识到在中国文化的心智结构中,除却自己外,其实都是"天"。"天人合一"就是物我相忘、就是人我相泯、就是和合致远。打比方说:当儿子的,父母就是"天";反过来也一样,当父母的,儿子其实也是"天"。这怎么讲呢?这即是说要没有对立,无论处何位置都应学会在换位思考基础上的推己及人。即便在用桌子椅子写东西时,这些桌椅也是"天",要能爱护它们。并由此推己及物,而不能在用着它时就想起它好,在不用它时就全无所谓,如此才能真正"为天地立心,为生民立命,为往圣继绝学,为万世开太平"。应该说,有此种文化胸襟作基础,自能促进我们中国学人"承前启后,继古圣百家之所长;开放胸怀,融东西文明之精粹",在承继传统又着眼时代的基础上,不落于"古化""今化"的任何一边,并超然于信息、网络的窠臼之外,从而为我们超越东西方提供可能。

也须看到的是,东西方文化确然有难逾越的鸿沟。正如前面已经提到过的,中国重境界,而西方重逻辑,对此,一个典型的表现是,当面对一种自然现象时,西方总在探求它背后的科学解释,而中国总在挖掘它所含的道德意义。一个在事实上做功夫,一个在境界上求升华。可以说,对意义的追求诚然比对现象的解释要更进一步,但这种逻辑的跃迁是否必然就是合理的迈进呢?答案当然不一定,各有各的利与弊。由此就可以看出,中国的知识系统从探究外物出发,而以人伦教化为归趋;西方的知识系统虽同样也从探究外物出发,但以事物之本身以及一事物与他事物的关系为归趋。发展方向不同,归宿自然有异。同时,由于方向迥别,从而也就在一定程度上促成了东西两方的方法论的差异:

中国，重以主观的感悟丈量天地；而西方，重以客观的规律以供遵循；我们重内在、西人重外在；遇到事情我们会将心比心，而西人仅就事论事（这一点在谈到远东国际军事法庭对日本战犯进行罪责追究时，他国法官所表现出的不能深切体会中国百姓所受的苦难时也曾谈及）。而两者鸿沟的根本在什么地方呢？一个很重要之处即在于，中国文化在本质上是内陆文明，而西方文化则是海洋文明。因为内陆性，所以使中国文化主要建在以农业意识为原点，并以血缘关系为纽带的基础上，具体会表现出一种以古为师、以老为宝的崇古趋向和以静制动、墨守成规的保守倾向等。与之相比，作为海洋文明的西方文化，理想色彩浓厚，富于冒险精神，创新观念强，但不乏自大；求索意识强，却也较易冒进。随着后来工业革命的勃发，则更在一定程度上造成了西方求真高于求善，而中国求善高于求真的文化特质之出现。

但应说的是，虽然东西方有着种种不同，但在文化的终极追求上两者又是"同归而殊途，一致而百虑"的。两方文化的区别只在名相，并不在"心"。从东西方的差别性中也就可以看出它的整体性，因为同样都是人类的文明，诚然有数千年历史积淀的影响和彼我方思想指向的不同，但对"真、善、美"的追求却都是相同的，是东西方心灵中的共同之"重"。所以，两者并没有丘岳高下之别，我们提出超越东西方，也并不是要消解东西方，不是强求两方的不同为相同，也不是形相的简单相加，而是精神的沟通融合；不是一方文化的变质和向另一方文化的妥协，而是在保持各自精华的基础上，吸融对方优点，将中国的道德宇宙和西方的理智宇宙相和谐，共同生发出具有超越性质的东西方的文化来。

其实早在20世纪初，梁启超先生就曾于《论中国学术思想变迁之大势》中指出："盖大地今日只有两文明：一、泰西文明，欧美是也；二、泰东文明，中华是也。二十世纪，则两文明结婚之时代也。吾欲我同胞张灯置酒，迓轮俟门，三揖三让，以行亲迎之大典。"这种融东西两方文化精华的超越性就体现在其传统性和时代性、地域性与全球性的统一。

那么，对于超越东西方，我们都应具体做些什么呢？对此，我想这个论题太大了，自身虽有如此设想，但设想的实现，不是某些人的工作就能达致的，而是一代人的努力才能成功的。我不想随便拼凑几个方案来凑数，只想提醒大家我们的文化责任应该定位为什么。有学者说："没有文化还原的世界视野，是空泛的世界视野；而没有世界视野的文化还原，是盲目的文化还原。"可还须说的是，即使同时有了文化还原和世界视野也还是不够的，要能在两者精华基础上，从"经历"而"超越"，一种包含东西方古今文化精髓的"超文化"理想的实现不是没有可能的。如果西方能重视东方的文化神韵，那么西方的文明层次也肯定还会更上一层楼；而我们对西方也同是如此，此是可以断言的。

但在当前我们必须注意到的一个现象是，人们求知的热忱劲在渐发退却、治学的纯粹性在日渐夹杂，正如衰老的身体没有腹饥的要求那样，可以说，没有文化饥渴的民族，也是一种衰老表现，即民族心灵的老化。而这需要我们变失范的单纯归因转为承担的理想范式，不怨天、不尤人，找解决方案来活跃求索之心。李大钊先生曾说："不仅以今日青春之我，追杀今日白首之我；并宜以今日青春之我，预杀来日白首之我。"的确，一个人是这样，一民族其实亦是如此。只要有奋起求进的心，就没有穷途日暮之"我"，就能通过求索而"众物之表里精粗无不利，吾心之全体大用无不明"，就能将东方的诗意栖居与西方的不安一隅结合起来，将东方的直感当下与西方的科学理性结合起来。到那时，我国文化也自会有一番超越东西方的峥嵘气象！

朱光潜先生讲："悠悠的过去只是一片漆黑的天空，我们所以还能认识出来这漆黑的天空者，全赖思想家和艺术家所散布的几点星光。朋友,让我们珍重这几点星光!让我们也努力散布几点星光去照耀那和过去一般漆黑的未来!"我期我同胞们都要有此态度蕴蓄于心,为中国文化出一份力,共勉。

神性

人的神性，也就是人的崇高性，表现在人对世间道德的一种超越，也表现在人对更高力量的一种希求。由此则产生了宗教，但我们在这里需要追问的是，人的"神性"是否必须以宗教为表达？同时，是否可在一放下宗教"名相"争执的基础上进行一世界人心所共向的崇高性的寄托呢？由此进行以下两章的阐述。

第六章 宗教

本部分意在对宗教产生的"人心"依托进行缕析的基础上,对两种重要的人生态度,即"弃生而生"和"向死而生"进行比较,并进而引申出人的崇高性应安放在哪儿的问题。

一、此世界与彼世界:宗教实相之追问

宗教的产生,表现了人类的一种原始文化形式。之所以认为它是文化,是因为无论何种宗教,其都是人类对真理的一种追问,都是对生命实相和宇宙至理所进行的一种诠释。正因此,宗教在本质上也是一种文化。

宗教的产生,最早是从人类敬畏自然开始的。那时自然的种

种现象无法解释、人类的意识觉醒还较迷茫，认为一切现象的背后都有一种神秘力量的存在。也正是在这种敬畏心的基础上，人们开始将自然人格化、将现世理想化，由此就产生了"此岸尘世"对"彼岸神世"的一种向往和一种迈进。而须看到的是，由于各民族的生存环境不同，依赖自然力的不同侧重就因而有异。于是星夜苍穹在不同民族那里就经历了不同的拟人过程，有的地方人们将水看作万物之灵，有的地方人们将火看成神的示现。即便如此，这些不同的一个共同之点是：这些不同均导源于人们对自然的敬畏心。然而，我们不禁也会思考，仅有着对自然的敬畏是否就足以使宗教产生？对此，应予认为，仅有对自然的敬畏不足以形成宗教，形成的只能是宗教情结和对图腾的崇拜。宗教的原始发生必定有一比"敬畏"更为重要的心理因素在。

　　须看到的是，随着人类杀伐以及生活艰辛的加剧，人们越发对苦难感到畏惧、对无常生起感叹，正如马克思所讲："宗教里的苦难既是现实苦难的表现，又是对这种现实苦难的抗议。宗教是被压迫生灵的叹息……"确实如此，脱离了对未知之境和现实苦难的畏惧，宗教是无从产生的。即便神的思想会在某个人那里出现，其也不可能在民众中得到传播，因为既然无恐怖，又何必求神力？而也正是从此意义上看，宗教的产生离不开"恐惧"二字。

但"恐惧"到底是"惧"什么呢？最主要的，其实是人们对死亡的恐惧。一典型的表现是，大凡人都是害怕截然独立的，因为自原始社会起，人们就依靠群力生活。在那个时期只有集合群力才能生存下去，捕猎做饭、种族冲突等都需要群体的保护，所以群居属性自那时起就融入到了人们的血液中，发展至今，依然如此。人们可能不禁会问，古往今来不是有很多避离尘世的禅者和来去逍遥的侠客吗？这些不都是独立精神的表现吗？应该说，这些诚然都是独立精神的表现，但却未必是完全意义的独立。因为那些独来独往、逍遥天地的侠者，其并不能完全脱离人群而独存；而那些高山之巅、专心修行的出家人，不少人的心中还是有一"神"的念想在与之相伴的，至于普通大众在心灵上就更难独立了。

当然，从人的自然属性看，绝对的独立很难存在，除非是像玄奘法师那样"自在腰身立世间，天涯无处不知音"的真正修行者，才能达致虽与万象于相有别，但与万象于理不二的境界。但虽是如此，人在世间却尤需要有相对独立的品质。正如前面所言，当周围人的所为与自己的心确信发生违逆时，是亦步亦趋的羊群心理，还是单身抗争的武者精神？这独立的品质是很值得我们今天的人们去深思的，易卜生也讲："最独立的那个人就是最有力量的那个人。"我们尤需要去醒思。

再回到宗教的问题上来，可以说，人很难摆脱恐惧，而这种恐惧在人的求知心的作用下就产生了一种对死后世界的追问：人死后是什么状态？有没有灵魂？能否得永生？如此一系列的问题都出现在了人们面前，但这些问题背后却隐藏了一个共同的指向中心，也就是人的生命之本身。这即是说，应进一步探究的是，人们为什么会恐惧，害怕从何来、又将往何处去？可以说，能把这个问题看清了，宗教缘起也就能大致明了了。那么，人们为什么会恐惧呢？说到底，那是因为人们太热爱自己的生命了。换句话说，对死亡的恐惧是果，而对生命的热爱是因。正是由于对生命的看重才催生了对死亡的恐惧，而对死亡的恐惧则又引发了对死后的求解。也正是从此意义上来看，对生命的热忱若永在，则对死亡的恐惧则永在；而对死亡的恐惧若永在，则宗教存在之思想基础也将永在。

由此看来，宗教，表象上是建基于人们的畏惧心，而实质上则是建基于人们的热忱心。生命本身才是宗教缘起的最中心点，并从此最中心点出发产生了对现实当下的超越、对生命本真的求索和对灵觉永恒的渴求。所以，宗教在很大程度上也是种人生态度之体现，也即一种人生观，具体而言即是一种建在"人死观"

之上的"人生观"。这也就是说，如果一个人没有一对死亡的初步判向，其也就不可能有一对生命的态度定准，一个相信"死亡后的永远"的人，不大可能在生前不信仰宗教；而一个不相信"人死后有灵魂"的人，其也不大可能在生前信仰何宗教。有什么样对"死"的认知，就会有什么样的对"生"的态度，甚至在一定意义上还可以说，没有"人死观"也就难有"人生观"。

而这种"向死而生"的思维程式，可以说其更多是种深底静默的心理规律。人们往往认识不到它，却都在潜意识上受其影响，由此产生了一系列的对生命样式的选择，而宗教思想也正是基于人们对死后世界的追问。同时，还要看到的是，无论何种宗教的信仰者，其思想力线看似着力于人死后世界的建构，但实际上这种力线仍折返于力线发出者之自身。因为其中至关重要的一点是，宗教信众始终都一致肯定灵魂的存在，并认准灵魂或比灵魂要更深一层的"灵性"等是"永恒"的。具体而言就是说：身体的我不是我，深层的灵性才是我；身体的假我会老死，而灵性的本真无变灭。正是这种灵性恒定的思想，其在本质上其实即是种生命热忱的体现，认为自己生命中有一恒定存在，而这种恒定之存在会在生老病死等生命形式的变化间始终不变。所以，由此也就不难看出，即便这种思想力线发出得再远，其最终也是着陆于对有一生命中的"永恒"的期许上的。而这无疑在底理上仍是人们对生命的一种热爱，只不过是通过否定生命而追求死后"永远"的形式来表达这种"爱"的。所以，"爱生"，在很大程度上也就是宗教缘起的根本心因。

同时，也要看到的是，人们对死后永远的追问无疑在很大程度上也表现了人类的一种与生俱来性，就是：主观能动的人类，与生俱来就是种"未完成的存在"，就始终均在以有限的生命而进行无尽的追求。无论某一领域的发展是否真会否极泰来，人们都不会认为"这里"已然是"尽境"而不再有"进境"。当然，我们不排除那些"万缘俱放下，见佛悟无生"的高僧大德，他们无疑能达致"举佛音声漫水流，诵经行道雁行游"的大如如境，我们这里所指的是仅就大多数的大众言。而还应看到的是，正因为人类永远是"未完成的存在"，因此人的世界在很大程度上即是"未完成的世界"，发展没有终点，求解不会终结。而也正是在此意义上，为了实现"终极"，人们不会永远满足于"未完成"的状态，宗教，其实也就是人类在"未完成"的状态中求"完成"的一种形式。

但我们必须追问的是，宗教给人的"完成"是否是客观真理的"永恒"？也就是说，宗教对宇宙奥义的回答是否是客观真切的实在，而不是幻化出的产物？对于此问题，我想我无法回答，因为只有在人的临终刹那才能对此问题有一切身的体会。而应思考的是，在现实当下是否可有一"永恒"能和宗教所述说的"永恒"相贯通？其实，人们不应把"永恒"理解为无止境的时间，而应将"永恒"理解为无时间的"当下"，"过去心不可得，现在心不可得，未来心不可得"。"当下"，正是不在时间内的那一点，这启示我们要尽量摆脱时间幻象并减少些思维强制，每一个当下都可以是全新的刹那，都可以有我们对生命的觉醒在、对万物的关切在，如此就能略微体悟到古人那种"见山只是山，见水只是水"的大般若境。

所以，在一定程度上，"相对"的合理对待即是"绝对"、"有限"的自我展开即是"无限"、"运动"的同位而视即是"静止"，也正是在此意义上，无论宗教思想的终极指向哪，人都不可以通过否定当下的方式而妄图未来，也不可以固持己见地人为划界，一切思想上的牛角尖最后都会引人进入死胡同，从而酿成不必要的争端。而也应看到的是，人们应尽可能地学会以减为加，"身心清净方为道，退步原来是向前"。

然而，还有一重要的方面是须予以澄明的，正如前所言及，宗教的形成心因不可能脱离"恐惧"而在，但这里所言的"恐惧"，绝不是说宗教的那些创始人，如释迦牟尼和耶稣基督等他们因"恐惧"而创立了宗教，史实证明他们是真正无畏的人。这里所言的"恐惧"是就整个人类的崇神思想言，而这种崇神意识的萌生要远比任何宗教的形成早得多。同时，"恐惧"一词诚然不是褒义的，但也并非贬义的，因为"恐惧"更多是种原发性的存在，勇敢无畏的人并非是毫无所惧的人，而是那些能战胜心中的卑怯与懦弱直面不堪的人事的人。而在人类的文明史上，可以说，没有"恐惧"的情愫，也就不会"至极"地追问，人类也就不会急切求索那些关乎宇宙形成和生命实相等恢宏性、根本性的大问题，从而也就不会产生后来那些浩瀚磅礴的宗教哲思和伟岸古今的精神光照。

至此，不难看出，宗教发生的背后隐含着至少这样的逻辑，即由"热忱"而"恐惧"进而宗教。当然，宗教的产生不排除还有很多其他的原因，但至少以上的逻辑是蕴于其中的。那么，有必要思考的是，既然宗教又直指宇宙、人生的终极真理，我们且不论宗教真理是否恰确，只是先从形式上看就可以得到如下推论："热忱"→"恐惧"→宗教也就等于"热忱"→"恐惧"→真理。而通过此项程式，我们应做何认识呢？是否正因此种逻辑才使人类有可能触及真切的真理呢？这个问题的意义就在于，无论宗教所言确实与否,逻辑本身都不可忽略。对此,我们可从如下正反两个方面来思考:一方面,如果宗教所言是真理,有一统御万有真神在,那么神通过这样的逻辑在启示人类什么?而另一方面,如果宗教所言并非真理,只是人们的幻化之思,甚至古往今来宗教所构建出的人类智慧的高峰和超越尘凡的风范都只是人们在幻化的思域中所取得的成果的话,我们又应如何评价?人的精神和崇高又应依归在何处?

应该说,先就前一方面言,如果宇宙真有真神在,那么神至少在告诫着人们,一定要有"敬畏"心。因为"恐惧"寓意着"敬畏",人只有把对神的敬畏放在对一切人、一切动物植物、山河大地都无二无别,才是真正的天人合一,"敬是圣学一字决,中是千古道脉宗"。同时,"敬畏"在很大程度上即是"谦","谦"在传统典籍《易经》中是唯一一六爻皆吉的卦,"天道亏盈而益谦,地道变盈而流谦,鬼道害盈而福谦,人道好盈而恶谦"。应看到的是,当前世界中所出现的各种问题,包括不同宗教间的党同伐异或同一宗教内的你长我短等,其实均背离了谦敬之德的原始初衷,与客观意义上宗教缘起的历史意志是相悖的。而结合我们自身而言,需要警醒的是,古人讲:"高高山顶立,深深海底行。"意在告诫人们即使自身在某方面——无论是文化、政治还是经济等,已取得了很高的成绩,自身也要有深海潜行的姿态,因为功高我慢的因最容易造成彼此争斗的果,只有虚怀若谷的心才能呈现出色彩斑斓之光。

再看后一个方面,如果宗教所言非真理,那么面对古今中外宗教义理的教化滋养,我们应该如何评价?人的精神又应依归何处?可以说,即使宗教只是人们头脑中幻化的产物,正如费尔巴哈所言,"人把自己的本质提升到无限,再投射出去,就形成了神论的神。神的本质也就是人的本质。"我想,我们应看到的是,即便是如此,我们也不能否认宗教是一种文化,教理亦是种思想,抛却那些带有狭隘性和偏激性的个别宗教外,一些以慈悲为本怀的宗教,如佛教,其思想义谛无疑是人类的宝贵财富,要人们回归自性其实已超过了神论的"神"。总之,应该认为,虽然神的存在前提可能不真切,但未必在不真切的前提基础上所产生的一切境界追求也都不真切、所进行的一切人心净化和智光慈照也都不真切。相反,能效的切实与前提的真实间不必定有绝对联系,宗教给人的心灵深度所依之逻辑起点可能不真切,但在此起点上所宏构的人生境界则不少都是崇高和真切的。

而在是否有"神"的问题上,其实是"说有容易说无难"的。信仰更多是个人问题而不能整齐划一,不能强制他人信或不信宗教、信此或是信彼宗教。这些都应建在个人对一宗教的思想、襟抱有一概观认识的基础上，然后选择信或不信、信此还是信彼。要尽可能的"我信仰是因为我理解"，而不能"我理解是因为我信仰"。可以说，后者更易被不法利用，邪教往往是由于此种思想强制让人们只信仰而不先理解、只盲从而不先怀疑，才使不少人误入歧途的。须看到的是，即使世间没有"真神"在，那么除邪教应切实予以根除外，只要是有历史绵延、能劝人向善的宗教，我们都应予以包容。因为东西方的宗教，无论其终极追求是天堂、净土还是极乐，其在很大程度上均是立基于人伦道德的基础上的，至少能引导人性向好的方面发展而不是向恶的方面堕去。况且，是否有"真神"在更多的意义上还是"信则有"的，这是我们尤不能忽视的一点。

二、天上观与天下观：有无融合之可能

在对前者宗教产生的问题有一认识的基础上，有必要对两种极关键的人生态度进行一比较。应该说，虽同样都是终极关怀，也就是都是对最根本问题的根本性追问，"天上观"与"天下观"

是截然不同的。"天上观",毋庸讳言,着眼于彼岸;"天下观",顾名思义,着眼于此岸。前者是宗教的思想,后者是现实的学说。在宗教的视域中,此世界有诸多苦难,彼世界则光明祥和;此世界有美丑好恶,彼世界则无量相好;此世界有生、老、病、死,而彼世界则无成、住、坏、空。总之,"天上观"与"天下观"有着明显之不同。

1. 天上观:"弃生而生"的出离

正如前面所言,宗教是人类精神文化中关涉人生终极意义和求索终极价值的一种文化形态,是人们对现有世界的思性超越,表现为对超时空结构的一种渴望。宗教通过对彼岸的描绘,为人们建构一审美的世界,也就是一意义理想的世界,而与现实生活的世界形成对比。我们所须思问的是,如何才能契入那脱化凡世的至美之域呢?一个共有的取径是:大凡宗教,都是以否定此下生命再推至彼岸重生的方式来达致的,这种路径我们可称之为"弃生而生"。

具体来言,"弃生",绝非指"轻生",恰与此相反,宗教并非不爱"生",其只是因太爱"生"而又不愿看到现实中的愁苦、混乱与不公,因而才期许在一脱离凡俗的神域中达致安乐、秩序与平等的,人生有苦才嘱人以萧然出离。以佛家来看,"苦"被佛家分为"行苦""苦苦"和"坏苦"诸种,我们无须纠结其中每种的具体含义,而只须知道,在佛家看来,"诸行无常""有求皆苦",世间的"乐"在根本上即是一种"苦","坤阴极盛而阳生,乾阳极盛而阴始",甚至当"乐"与"苦"发生转变时,"乐"还会加倍这种"苦"。比如,一个富人突然失去财富、沦为乞丐,要较原本就贫困的人沦为乞丐更痛苦。其实不仅佛家如此,宗教大都如此看,"苦",可说是世间宗教对人生判向的一个相同处。

而为了能"离苦",宗教让人们"出离",也就是对"凡"我生命的"意象瓦解"与"神"我生命的"思在重构"。我们所言的"弃生而生",也正是指此意。前一个"生"是此下实然的,后一个"生"是神境期然的,也就是通过对现下"凡"我的出离而达致彼岸"神"我之实现。而须说的是,在宗教者看来,"神"与"凡"的一个重要分别即在于,"神圣"大都是受禁律规约的,着力于安心立命;"凡俗"则往往是无自我规制的,仅仅是安身立命,而对现实生命的执着就必然会妨碍灵性本源的自觉,与神境愈远。因此,只有"出离"才能身体无放纵、心灵无混乱,也才能远离世俗假象、真切离苦得乐。可以说,修行者们大都止是以出离此下存域的方式而希冀实现彼岸永恒的。

还须说明的是,"出离"绝不是将"山林古寺"与"人间烟火"对立起来,也就是说"出离"绝不仅是简单的空间转移和身份转换,不是离开家庭、从此不与社会交往、每天念经持戒就可以说是"出离"的。应该看到,这样的"出离"至多也只有个体小我的意义,如此理解"出离"也实在看浅了浩瀚磅礴的宗教哲思。那么,什么才是真正的"出离"呢?理解此意需要和这里所说的第二个"生"联系在一起看。

首先,"出离"并不是绝对"出世",其更像是古人所说的那种"必出世者,方能入世,不则世缘易堕;必入世者,方能出世,不则空趣难持"的能将"入世""出世"相融相合的境地,并不妨碍以慈悲本怀而做利生事业。再者,"出离"的对象是"世间",而此"间"要比通常所理解的世间广博得多,正如民国时期一代高僧太虚大师在《佛教两大要素》一文中所指出的:文字、语言、时间、空间以及和合法、因果法等,都是世间[1]。因此,"世间"范围至为广博,所以对宗教所言的"出离"也就不能简单地做空间上的理解。应该说,"出离"在更根本的意义上是向

1　太虚大师《佛教两大要素》,《太虚大师全书》第26册,宗教文化出版社,2005年版,第13页。

内的,也就是指向"无我",因为只有"无我",才能在凡俗尘世中"百花丛里过,片叶不沾身";而也只有"无我",才能在名缰利锁中"大千世界内,一个自由身",才能具有"禅心已作沾泥絮,不逐春风上下狂"的定力以及"风送水声来枕畔,月移花影上纱窗"的心境。

对此,一个不得不思考的问题是,既然"出离"指向"无我",那么宗教信仰的心神寄托又是放在何处呢?须看到的是,大凡宗教其实都会在主观和客观两方面于无形中树起一恒定的存在,其真确性我们先不必论,因为其真切与否往往是需要人们立身行道、持戒修定然后才能证解得到的,我们这里仅就其现象言。可以说,在主观方面,宗教大都认为灵魂不灭,当然无论这种称谓是"灵魂"还是"灵性",抑或是佛家所提出的要较之更深的"自性"等,其皆是一"恒定的内在"无疑;而客观方面也同样如此,宗教大都提出了天堂神界,或是如佛家所讲的较天界还更庄严的"极乐世界""华严世界"等,但无论何种指称其亦均是一"恒定的外在",这也无疑。当然,需要说的是,虽然佛家教化众生"一切法,无所有,毕竟空,不可得",让人们看到宇宙万法本来实相;同时,"在凡不减,在圣不增",也让人们放下"凡俗""神圣"种种分别,对"往生"等念均不执着,并指引人们："我心自有佛，自佛是真佛，自若无佛心，何处求真佛？"告诉人们极乐世界须向内而求，"心地但无不善，西方去此不遥；若怀不善之心，念佛往生难到。"（语出《坛经》）应该说，这样的思想诚极伟岸，但是实际上，无论是大修行人或是初修行者都很难不将心安放在一具有"客观性"的彼岸世界之中。也就是说，修行者内心诚然能有一主观自觉的"极乐世界"在，但也并不排除在信众思域中还有一己身之外的"极乐世界"在。而这种"客观性"正是修行者主观生发信心的重要条件，也正是我们所讲弃了实然的"生"、追求期然的"生"的含义所在：无论宗教如何建构，其都无法绝对排除修行者们将生命之灵寄托在某一具有客观意义的、有别于此世界的彼世界之中，"弃生而生"的第二个"生"也正是指在彼世界中得"永生"。

所以，由此就可以看出，宗教心神的重要寄托恰在于"弃生而生"的第二个"生"字，也就是将对生命本身的灵觉寄希望在了彼岸之世界。应该说，虽然人们思想中的超世间观念是人的神圣性体现，古往今来不少真修行人也均通过虔信体悟的方式而达致了精神无限的崇高。但也要看到，这样的境界对于个人人生言诚然是恢宏的，但一个人由宗教确信而习养的宏远境界却很难带动人类全体都依此而行。由此，我们需要继续来探讨"天下观"，因为就一个社会乃至整体人类言,"脚踏实地"实比"仰望星空"要更易有共点,也更易生共鸣。而须先指出的是,何种文化才能与宗教"天上观"作为一种相对的存在呢?我想,应当讲,可与世界宗教之"天上观"相比对来看的正是我们中国儒家的"天下观",提及"天下观"也正是指儒家,而儒家"天下观"能否承担起重立人根的重责重任呢?且须先看下文再言。

2. 天下观:"向死而生"的入世

作为本指代自然地理格局的"天下",经儒家文化的注入与诠释后,成了一在中国文化中至关键的语词。从"天圆地方"的空间结构,到"天清地宁"的人伦期许,都是"天下观"的内涵义项。在一定意义上,"天下观"的核心不在于客观实际的疆土,而在于文化人的胸襟。"天下观"的历史生成过程,就是儒家文化的自我展开过程,也即是中华文化的规模形构过程。使中华大地的万里云天不再仅是一笼罩你我的苍穹寰宇,而更是一充满教化的人文意域,儒家文化的顶层设计在很大程度上即完成于此。具体来说,儒家的"天下观"至少涵括如下几层意义:

第一,"格致诚正"意义。儒家典籍《大学》中有言:"古之欲明明德于天下者,先治其国;欲治其国者,先齐其家;欲齐其家者,先修其身;欲修其身者,先正其心;欲正其心者,先诚其意；欲诚其意者，先致其知，致知在格物。物格而后知至，知至而后意诚，意诚而后心正，心正而后身修，身修而后家齐，家齐而后国治，国治而后天下平。"提出了由"格致诚正"进而"修齐治平"的路径。在儒家看来，天下秩序的出发原点就应该是个人修为，有志于"明德于天下"的仁人君子也只有按照如此的进路做去，才能使自身"斯文山岳重、义理海天宽"，才能使家庭"长幼皆得宜、勤俭举案齐"，也才能使政治"道路不拾遗、夜寐不闭户"，进而进入一"大同"的世界。如果不是如此，则将背离儒家"克己复礼，天下归仁"的本怀。所以，力线的源头在于自身，"万方有罪，罪在朕躬""行有不得，反求诸己"。

需指出的是，"格致诚正"，后三方面都不难理解，"格物"始点最应关注。"格物"，古往今来诚有很多的解释，但我们至少应明晰其中的一个意涵是指战胜物欲，也就是物质的合理化使用和欲望的道德化实现。应该说，简单的两字有着无穷的承量，其不仅是向外的，其也是向内的。结合我们的现实生活来看，现在过度使用手机、电脑的人不是很多吗？此即是物质的非合理使用；现在进行无耻猎奇、猎艳的人不也是很多吗？此即是欲望的非道德完成。可以说，一切真实的道德在很大意义上都是建在"格物"的基础之上的，都经历了道德主体对自身欲望的某种战胜和对所需所求的一定约束,而这也正如前面所言,儒家并不否认欲望,其否认的只是非"仁"的欲望;儒家也并不排斥造作,其排斥的只是自始至终的表演正义和有目的的"道德把式",因为自我约束在一开始时的确也是种造作,但其却是向道德之峰进行攀爬的起始。当然,也须看到的是,在中国历史上不少作为"卫道士"出现的大师诸儒们不过是自欺欺人的"假面人"而已,离孔子所讲的"刚毅木讷,近仁"实相殊太远。

再进一步言,《孟子》也讲:"故天将降大任于斯人也,必先苦其心志,劳其筋骨,饿其体肤,空乏其身,行弗乱起所为,所以动心忍性,增益其所不能。"此句话的含义就含有"格物"的寓意。一个志在兼济天下的人,只有在经历了"苦其心志""劳其筋骨"等艰辛磨炼后,才能养成一种"增益其所不能"的大气与定力,才能对民生疾苦有着悲切感怀,眼光上是"四面湖山归眼底",存心上是"万家忧乐到心头"。同时,很重要的一点是,在一定意义上,也正如法国的思想家路易斯·博洛尔所说:"为政者的品质总成为一个民族性格品质的模型。"在这方面,中外多是如此。如果为政者好高骛远,那百姓们也会不切实际;如果为政者党同伐异,那百姓们也常衷于斗争,甚至陷入"文革"时那种全民化造假、运动化整人乃至毁灭性破坏法制的时期。所以,"天下"由"格物"而起,如此才道法自然。

第二,"修齐治平"意义。儒家的"天下观",由至小而至大、由微观而宏观,架构起了一统整的生命皈依体系。这就是说,儒家"天下观"由"己"而"家"而"国"而"天下"。在这样的逻辑体脉下使得中国的传统社会逐渐形成了一"家国同构"的关系格局,于此也有必要引述自己从前写下的一段话:"家与国的同构状态是中国古代社会的重要特征之一,家族是家庭的扩大,国家是家族的延伸,而以往的家庭也很难像今天这样对家族保持很大程度的独立性,历史中的家庭往往承受着家族的统领,以家族为中介继而接受着国家的规控……由家庭进而家族、由家族进而国家,其不仅意味着一种文化传统,也意味着一种张力制衡。国有国法、家有家规,这在传统中国即是合法、合理和合乎人心的。家族族长可依家法而处置悖逆人伦的子孙,国家官员可依国律而惩处违法乱纪的子民,都遵循着同一思想之源。也正因如此,家族秩序扩大至国家秩序,家与国的权力运行和结构维护都是一种相似格局。应该说,这种结构模式生成与儒家文化渊源两相交缕,正如曾子在《大学》中所提出之'格、致、诚、正、修、齐、治、平'的生命理想般,反映出了自身与家庭、家族和国家之间的同质联系。从工整自身进而献身家国,由此形成了作为古代中国普遍认可的家国同构：对家族而言，家是小国，家长位置权威，指导着家族事宜；对国家来说，国是大家，君王至尊无上，统领着国家的一切。这种传统初看上去，位阶分明、秩序井然，但其在根本上仍是以人治的权威而形成专制的强权。对于家族言，族长可依伦理而轻重其刑；对于国家言，国君可因好恶而生杀异施。民众的私权在如此强权的笼罩下始终处于不稳定状态，当然无法有一可靠的、合理的保障于其中。"[1]

这里须进一步阐述的是，这种中国传统的家国同构格局，使得个体在生命的归属意义上具有多层次的递进皈依感。而这种皈依感在很大程度上能勉励一个人进行自我道德的拔节，将一自然意义的生命转化为一社会意义的生命，从而使以"血缘"为出发的伦理进而衍生出以"天下"为归宿的伦理，最终形成"父子有亲，君臣有义，夫妇有别，长幼有序，朋友有信"的五伦秩序。在理想意义上这可说是伦理的政治化和政治的伦理化的两相结合。在此之中，还须看到的是，正如孟子所讲的"穷则独善其身，达则兼济天下"，儒家教人无论何时，都要尽可能地通过自身作为，将修身所依的精神教化和生活所需的物质凭借予以推己

---

[1] 出自笔者在桂林读书时曾写之论文《论晚清中国的预备立宪与意义之维》。

及人，乃至于无可奈何而后已，这也正如孔子所说："夫仁者，已欲立而立人，己欲达而达人。能近取譬，可谓仁之方也已。"

而这有什么意义呢？一个很重要的方面就在于，正是由于儒家的"天下观"不是凭空产生的，而是推己及人的，也就是始终是建在"我""家"和"国"的基础上的，所以，在很大意义上，儒家虽然超越了"我"但并没有吞噬掉"我"。自己和天下间始终都有联系，"天下兴亡，匹夫有责"，进而"处草野之日，不可将此身看得小；居廊庙之日，不可将此身看得大"，当身处高位、执政一方时也依然能"惟以一人治天下，岂为天下奉一人"。这就说明了儒家的"天下观"自源头起就使人抱有一种我与天下同感怀的责任感，并使传统的读书人能以这种胸怀去融入社会。同时，也正是因为儒家虽超越了"我"但并未摒弃掉"我"，由此就衍生出了儒家对由个体集合而成的民心的重视。"天视自我民视，天听自我民听"，天心在很大程度上就是民心，民心所在即是天意所指，这正如《孟子》中所说的"桀、纣之失天下也，失其民也；失其民者，失其心也。得天下有道：得其民，斯得天下矣。得其民有道：得其心，斯得民矣。得其心有道：所欲与之聚之，所恶勿施尔也"。因此，我们应该看到，儒家的"天下观"，它不是乾坤独断的，而是注重民心的，有"仁"的要求在其中，由此即给了政治行为以较合理的规控方向。

同时，儒家的"天下观"还表现为一种不忍之心。如《孟子》中所讲："人皆有不忍人之心。先王有不忍人之心，斯有不忍人之政矣。以不忍人之心，行不忍人之政，治天下可运之掌上。"正因为"不忍"，使得儒家的思想关注永不在那些神世天国，而只在于现实世界。此世界虽则有危险、有诱惑、有尔虞我诈，但儒家就是要在此环境中去赴险、去持敬、去清澄天下。为的是什么？不是为了个人的私心好名，而是为了心中的"仁"。当然也须说的是，在古往今来受儒家思想教化的人中有没有欺世盗名的人呢？有没有假仁假义、作恶多端的人呢？有，而且并不少，但我们不能不分主次，不能因为有秦桧就把岳飞所秉承的"精忠报国"也看浅了，不能因为有汪精卫就把蒋介石所坚持的"抗战到底"也看轻了，而是要看到在"精忠报国"和"抗战到底"后面所蕴含的一种悲壮的人格光芒。而此光芒也并非仅是由孔子、孟荀或阳明、船山等某个人的思想言说所集合出的人格功化，而是凝聚起了历代儒家的思想精义，在整个儒家文化基础上所宏构出的一种精神气质、所生成起的一种凛然气韵，是一种道贯中国历史、光耀国人灵魂的悲壮人格之光！

第三，"天下观"的"向死而生"意义。承接前言，对于儒家"天下观",人们大都还会思考一个问题,就是当人的生命终结后,"格致诚正、修齐治平",似乎在"死"这里一切都没有了意义。但恰恰不然的是,我们需要看到,对于作为生命之学的儒家学说,诚然注重"生"的层面,但其也并未将"死"作为"生"的对立面,而是在人生理生命的基础上,指出人还有道德生命,认为生理生命的尺度可以通过道德生命而延存;同时道德生命的境界又能通过反求诸己而致远。总之,人的生理生命可能已"一潭死寂",但人的道德生命却仍能"生机盎然",由此就可看出,儒家将人生根本问题的"生""死"在道德意义上统一了起来。

具体来说,儒家并非不向往生命的永恒,其只是不追求形式的永在。比如:"永"字最本源的含义就是指长流不断之水,正如朱熹在诗中表达的:"问渠那得清如许,为有源头活水来。"在儒家看来,心中之"仁"即是心田之水,"仁"存即"永"存,留存于世的"仁"的精神若永存则犹如活水的人的生命永在。所以,儒家不仅将"仁"作为衡量"生"的标尺,同时亦将"仁"用来评判"死"的价值。在此意义上,"公论久而后定,公道自在人心",只要一个人是杀身成仁的,那么他虽死犹生;只要一个人是平生行义的,那么他虽死犹存,这也正如孔子所说:"志士仁人,无求生以害仁,有杀身以成仁。"因此,就可以看出,"仁"在儒家的思想中是生死无别的本体,儒家并非无视死,而是视死如归。这一点可称为"向死而生":不必追问死后的世界如何,完全把"生"的价值体现在对"仁"的努力中,把"死"的超越建基于对"仁"的追求上,"死"即是一种更高意义的"生"。由此,儒家即以宇宙伦理的气魄在支撑着人伦化的世界。

3. 天上观与天下观之"忍到不忍"与"不忍到忍"

在阐述此部分内容前,对于宗教"天上观"与儒家"天下观",有一个很重要的方面是我们应予先着重讲明的,就是儒家"天下观"的至高处到底在哪里?应该说,儒家"天下观"和宗教"天上观"诚然都在勉励着人进行一种超越旧我的境界拔跃,但是须看到的是,两者的发力结构是明显不同的。而发力构成的不同也在很大程度上造成了"忍"与"不忍"的不同。具体而言,"天下观"是促使人自觉、自发、自动地做自律的行为,而不是像"天上观"那种靠利益交换或神力压制那样是他律的结果。儒家并没有像宗教那样在人们面前摆下一因果轮回的"他"力大网,在对道德的追求上完全是精诚的自觉,而不是像宗教那样出于希求福报的利益互换或畏惧报应的神力观念而被动地开始约束自己。当然,需要再次申说的是,我们诚不排除一些高僧大德早已超出了什么人间的福报或修行的果位,早已放下了人我的对立或"凡""圣"的分别,甚至早已超越了世间的道德而契入了一种"静深不动""水清月现"的大解脱境,但我们要看到这种境界的原在起点仍然是他律的,而这种被动的他律较之主动的自觉则要来得迟缓得多。相较而言,儒家诚然也有很多糟粕,但其并没有在人们面前笼盖起一"他律"之网,"六合之外,圣人存而不论;六合之内,圣人论而不议;春秋经世先王之志,圣人议而不辩"。我崇尚道德完全是因为自己的选择、完全是因为对仁的追求,而不去追问有无来世,亦不挂怀有无神明,只是满腔子的天下苍生、满腔子的礼义廉耻,不问苦从何来、只求俯仰无愧,不问来世果报、只求当下济困。而这,正是儒家"天下观"与宗教"天上观"的绝大分野之所在。

而关于此点,我们还需从主客体的方面看。可以说"天上观"与"天下观"都不是单纯概念的演进体系,而是知行交互的关联架构,也即都是需要人们在会通教义的基础上于修行上予以落实的。宗教则是从此我主体为出发,并以彼岸客体为归宿的;而儒家则是从此我主体为出发,并以道德仁爱为归宿的,但这种归宿仍是一种自我回归,也即仍是以生命本身为归宿的,并不存在一有别于自己的世界，完全是精神和操存的"自得"。同时，也正因宗教的"天上观"是以人为出发，而以神为归宿，始终均有一神的观念在强制，所以"天上观"在很大程度上更多是一种"权道"；而儒家"天下观"则是一种"人道"，也就是以人为出发，并以人为归宿。可以说，我们只有看到了这一点，在接下来再去阐述"忍到不忍"与"不忍到忍"时才更具有指向性。

那么，什么是"忍到不忍"与"不忍到忍"呢？

先须澄清的是，这里所言宗教之"忍到不忍"，是除却佛家在外的。为什么呢？就自己的体悟而言，佛家在一定的意义上是既入世亦出世、既"天上观"亦"天下观"的，甚至放下了"忍"和"不忍"的种种对立，"兀兀不修善，腾腾不造恶"，不须刻意行善，亦慎防无意的为恶，放下了两极固化的心理定式。因此，这里所言宗教之"忍到不忍"是仅就一般的宗教现象言，并不包含佛家（当然，佛家有着不同派别，我们这里所排除的更多是就中原地区的净土和禅宗思想等而言；同时还须说明的是，如果其他宗教亦有佛家的此种襟怀，我们不能以"不容忍"这个词来冠之）。

应看到的是，大凡信仰宗教的人们，都在一定程度上存在着厌离心，也就是对实然实物的厌离，对超然存在的欣求。比如对自己身体的厌离，认为其脏污龌龊，因此通过苦行、弃绝物质需要、战胜原始欲望；再如对人群社会的厌离，认为其浮躁喧嚣，因此通过避世，远离迷惑颠倒，实现心灵真静。应该说，宗教期许的目标在某种意义上可以说是崇高的，襟怀亦是洒脱的，但也需要看到，正是此种目标与襟怀却在有意无意间酿成了世间不少的冲突和惨案，表现为对其他宗教、对世间学术等一切非"内"思想围域的不认同，甚至为了惩罚这种"越域"，在历史上出现了不少不人道的宗教裁判。例如：意大利的科学家布鲁诺，因反对地心说宣传日心说，于1592年被捕入狱，经过8年的牢狱折磨后，终被宗教裁判所判为"异端"，于1600年被烧死在了罗马的鲜花广场。直至1992年，罗马教皇才宣布为其平反。较此更严重的是，当一宗教信仰集合对另一宗教信仰集合进行讨伐时，这种以宗教名义进行的战争，无论孰是孰非，在宗教外衣裹挟下的"宗教"名义之本身都是不能推脱责任的。

所以，要看到的是，在宗教形式中天然就隐含着一种"忍到不忍"的逻辑理路。一个宗教信仰者，在其未信宗教前，对其他的思想文化大抵还能进行涉猎，还有包容精神，能容下不同音声；及至信仰宗教后，其往往会变得偏执盲信乃至贪虐暴戾，将己所认为的"神"视为至高无上的绝对"真神"，将己所抱持的

"理"视为亘古不变的绝对"真理",由此对与之不同的文化进行鄙夷轻视、党同伐异,甚至在一个宗教内部还有你长我短之争、优劣高下之别,使人变得虚荣、攀比、日趋于满,乃至造成更大的杀伐。

由此须看到的是,即便一种宗教的创始人始终未有贬低其他文化或强制他人信教的初衷,但随着宗教形式内在必然的演进,其也无法控制后来信教者那种带有原始盲从的野蛮灌注:信众的偏颇力不断注入到宗教的形式中,轻,是对其他文化、人群的轻蔑;重,即是对其他文化、人群的讨伐。由此也就可以说,"忍到不忍"是大凡宗教与生俱来的一个属性。

对此,需要思考的是,我们能说"博爱"不好吗?当然不能;能说"助人"不好吗?当然也不能。但应看到的是,在"忍到不忍"的隐在规律中,即使目标是伟岸的,其实现目标的过程也极可能是错谬的;即使态度是虔诚的,其践行教义的执着也极可能是偏差的。具体而言,当信仰不同宗教的人们面对对方的信仰时,大都会思考一个问题,即你的神和我的神中,谁才是真的神?对此,大多数的宗教信仰者都会认为:我的是真的、你的是假的。即便这两方不同的宗教在教义上都是劝人向善的,只是表述不同、方式不同,但是殊途同归,那么也会因为这种根本性的执念，造成同样初衷向善的教群出现你死我活的矛盾。这是人类文明的可悲处，也是人类智识的狭隘处。较之更可叹的则是神权与皇权的毗连。通过皇权使神权更具有震慑的威势，通过神权使皇权更增添神圣的色彩，但在这些看似圣洁而实际欺伪的所为下面，隐藏的往往是很多罪孽。那些底层的虔诚信徒因看不到这之中的逻辑隐线，只是偏颇地认为我是对的、你是错的，只看到了现象上的异己相貌，而看不到实质上的底里无别，往往成了政治上的牺牲品。应该说，如果真有"神"存在，那么"神"也会为此嗟叹。当然，这在很大程度上是宗教这种形式的本有劣根性所造成的。

而须与此对照的则是儒家"天下观"的"不忍到忍"。儒家思想的"不忍"，不是"不容忍"，而是"不忍人"。在儒家看来，人在幼年时即有着一颗朴实无华、充盈而在的悲切心，见别人在贫苦中，不忍其孤苦无依；见别人在泥沼里，不忍其自陷沉沦。"见父自然知孝，见兄自然知弟，见孺子入井自然知恻隐，此便是良知，不假外求。"所以人在少年时，更多会不忍苍生苦。

而及至成年以后，虽然良知仍在，但是随着自然欲的加重，良知渐淡化，心往往驰逐于外，对他人的成绩，可能会忌妒；对美艳的异性，可能会迷求。这种种诱惑则都需要"忍"，对他人他物要容忍待之，对己欲己求要以忍克之。"少之时，戒之在色；及其壮也，戒之在斗；及其老也，戒之在得"，此处的"戒"本意就是"忍"。当然，须指出的是，虽然儒家认为"爱有差等"，但却并不否认"论交要有古人风，得志当为天下雨"的由己及人。儒家提出"忠恕之道""为仁之方"，指出"己所不欲，勿施于人"，又说"爱人者，人恒爱之；敬人者，人恒敬之"，等等，其实这些在理论关怀的终极指向上，都是期望人能通过对内的躬而自省、对外的和而不同，进而引着世界向大同的方向迈去。胡适先生讲"容忍比自由更重要"，其含义即至少有着这一层：因为自由就含有"不忍"，而这种不忍所造成的灾难已然是不少了，所以"忍"就理应成为人们的一种品质。

同时，也如《论语》中所述，子路问何为"君子"？孔子则以三段递进做了回答，即"修己以敬""修己以安人""修己以安百姓"。在儒家看来，君子是不仅要能成己而且也要成物的，"君子动而世为天下道，行而世为天下法，言而世为天下则"，是不能仅仅做一"自了汉"的。甚至从更广的思域看，"天下为一家，中国为一人"，在立己立人方面是不能"一人吃饱，全家不饿"的。相反，儒家期许的天下大同，主张人们要能"立德""立功""立言"三不朽，而这正是需要"成己""成人""成物"之实现的，也正如《孟子》中言："君子之于物也，爱之而弗仁；于民也，仁之而弗亲。亲亲而仁民，仁民而爱物。"所以，由此我们就可以看出，儒家的心音构成是既由内而外又由外返内的。在年轻时自然流露的悲切本怀是由内而外的，而成年后克己复礼的反躬自省则是由外返内的。前者是"不忍人之心"，而后者则是一种战胜欲望与冲动的"忍"。这也就形成了儒家从"不忍"扩而充之终至于"忍"的境界，由此也就形成了与宗教鲜明的反差。当然，这还不是止境，这样的"忍"只是一种压制私欲的自控境，还没有进入到"从心所欲不逾矩"的自得境。但意识的自控已然很难得了，我们不能在整体层面上要求人以过高。总之，在一定意义上，宗教人心，"忍到不忍"；而儒家人心，"不忍到忍"。

三、神性又何必宗教：放下名相之不同

既然看到了"忍到不忍"与"不忍到忍"两条路径，那么就可以说，宗教中虽然有着人类精神的至高峰，但同时亦有着人类良知的不作为，表现为对其他宗教、族群和民族的轻视。正是从

此点看，宗教所带给人类的善力和带给人心的隔膜其实也是正负相向的。同时当前宗教对世界人心的净化也在日益减弱。所以，我们有必要思考的是，我们应持以何种态度呢？如果人心不寄于宗教，又该依归于何处呢？有一点是不容忽视的，就是前面在阐述宗教"忍到不忍"的潜隐理路时是将佛家排除在外的，这当然不是说期望天下人心都同归佛家，而是意在说明佛家思想对于我们化解宗教矛盾、建构人心共识有着极重要的意义，特别是人间佛教的思想对我们当前人心的启示可说是弥足珍贵的。此部分内容将指明对我们人性中的神性也就是崇高性所应抱的态度，说明如果不寄托在宗教，人心应该安放在哪儿，从而为我们人性中的神性找到一非宗教但不排斥宗教、非独有而能推及天下的人类心灵的共有支点。

　　首先，须看到的是，宗教无不敬爱宇宙，认为宇宙即是神明，认为宇宙中有神在；与此同时，凡子也无不崇敬宇宙，或求解宇宙的内在深密，或感怀宇宙的无限无垠。总之，在宏广的宇宙面前，无论宗教还是非宗教，人们都会对其感佩。所以，在这方面就可以说，人的崇高性天生即是与宇宙相联的。因此，宇宙在很大程度上就可成为世界人心在崇高性上的一个共点。

　　既然看到了这个共点，需要继续思考的是，当我们夜中仰望星空时，似乎一星即为一世界，而此种种"世界"，仍在一"大世界"中，此"大世界"即名"宇宙"。在我国古人的理解中，"四方上下曰'宇'，往古今来曰'宙'"，"宇"指向了空间性，"宙"指向着时间性，是"时间无尽永前、空间无界永在、质量无限永有"的时空系统。东西方的不少哲人均会将人生的最高境界称为"宇宙境界"，使人心的深度与思想的高度在"宇宙"的词涵下交融为一。

对此，需要说的是，面对宇宙，古往今来的人们都至少会不自觉地做出两个向度思考，这两个向度可以说是并行不悖、交互而进的。哪两个向度呢？一个向度是，人们在宇宙面前始终有一求解的热忱，这种热忱以高度主体性的方式通过理性来理解宇宙、运用理智去解锁"未知"，可以说，这一过程可以概括为理性为宇宙"立法"的过程。而也须说的是，在这个过程中，因为宇宙宏深，许多奥妙是不可思议，也是无法得解的。但正如冯友兰先生所讲："不可思议者，仍须以思议得之；以思议得之，然后知其是不可思议底。"因为人们通过理性探求宇宙很难得到圆满的答案，与宇宙的极奥深密间似乎仍存有很长的距离。人们越发发现对"不可思议"者终不能以"思议"的方式揣测，这就正如禅宗所讲，"恰恰用心时，恰恰无心用，无心恰恰用，用心恰恰无"。所以，自古时起人们除对宇宙进行理性探求外，还逐渐开始抛空"自己"，放下分析之念、体验合一之境，在向外求的基础上开始返向内，由此也就形成了宇宙为理性"立法"的第二个向度。

具体而言，这就是说，为了拥怀宇宙，人们开始逐渐抛空自身的"主体性"。而这种抛空可使人"惟虚故能受，满则无所容"，进而以空明境界拓展对宇宙的认知深度，消解了原有主观视角的局限和科学技术的限制，使得宇宙原态的真实面貌不受遮蔽。当然，也须说明的是，这种抛空自己并与对方合一的方式，可称为"以我观我"的方式，也就是前面在讲中国文化时提及的"天人合一"观念。在理解宇宙上而言就是并不存在一外在于宇宙或非同于宇宙的主体来对外在于该主体的"宇宙"进行求解；相反，该主体由于抛空了自己，所以其对宇宙的理解是力求达致宇宙自身对己的理解，即宇宙自解宇宙。这种自身与宇宙的合一，是人们由"大有我"而至"大无我"后的境界，从而使人们反观内心，相信"宇宙即是吾心，吾心即是宇宙"，认识宇宙就要认识自己的心，"忤理即天理，本心即宇宙"，由此也就实现了从外在宇宙向内在宇宙的转变。

这之中极重要的一点是，正是因为有了人们对宇宙的从心而觅，才使人们越发看到了自体生命与宇宙生命的一致、人类生命与万物生命的同一。怎么讲呢？须看到的是，宇宙绝非是杂乱无章、毫无规律的死体，人类、万物、星空、星体等都同生存于宇宙中，万象在哪里一致呢？应该说，万象在"好生之德"上是一致的，在"好生之德"所要求的"和合止争"上也是一致的。一个星体无规律地碰撞另一个星体就会有灭绝，一个国家无原则地侵凌另一个国家就会有杀戮，若宇宙仅是一无生命体的话，怎会仅凭如此多的"巧合"而支撑起如此多的星体以如此久的共融呢？诚然，在浩繁的星辰里有个体生命的终始，但可说却绝少有宇宙整我的断灭，至少从人类出现至今都未曾有过。宇宙精密的规律所体现出的好生之德的本质就证明了宇宙生命的存在！所以，在内在宇宙的意蕴上，宇宙中的每一个个体乃至每一粒微尘其实都有"自我"的宇宙而与"太空"的宇宙相一致，人、万物、宇宙都只是有差别性的"一"，而不是同一性的"二"，都是另一个"自我"乃至更高的"自我"，但最终的归路却不是在"差别"上，而是在"同一"上。同时宇宙万象也绝不会仅仅消逝于"死寂"中，哪怕有一天出现了大变灭，那也必会是下一次充满生机的生命的开始。

而在看到此点的基础上，还须进一步申说的是，宇宙有无真神是无法究竟的，但宇宙诚有生命则是恰确无疑的。宇宙本身就是一更高的存在、更高的"自我"，如果人们非要将自身神性寄于一更高的存在的话，那么首先应予寄托的就是宇宙；而至于有没有"神"，其实无须再问。人的神性不必寄于一个宗教名相上的"神"，人的神性只须信任宇宙、崇敬宇宙即可，如此才能使人的神性得一合理的安放，而不会陷入宗教的隔阂中。

所以，宇宙理应成为全体人类所共同崇敬的此下更高的"生命"，当人们哀怨时可以向宇宙抒怀，当人们欣喜时亦可与宇宙同畅，人类应切实在心向上树起对宇宙的一致崇敬感，如此才能使世界人心少一些执拗、不同文明少些许对立。而在看到此点后，还会不禁让人追问的是，既然信宗教不如信宇宙，同时宇宙又是与自我内在的生命相联的，那么，有没有一世界人心可普遍共是的诚爱宇宙的方式呢？对此，应该说，崇敬宇宙最重要的就是工整自己，己若良善，宇宙亦会慈悲；己若邪险，宇宙亦会冷峻。宇宙诚是我们头顶之上的存于太空的"那个时空体"，同时亦是我们生活之中的就在身边的"一切存在物"，星夜苍穹是、山河大地是、昆虫花鸟亦同是。人们应在纯粹静观的基础上反求内心，在一人类能共有的心灵支点上与万物相谐、与宇宙合一，而此心灵支点是什么？此心灵支点即是"良知"。

"致良知"即是爱宇宙。可以说，在向内而求、工整自己上最切近同时也最具有人类普遍意义的就是"良知"。再进言之，"神"有东方西方不同的"神"、"理"也有这宗那派各自的"理"，想在不同的"上帝""菩萨"等名相基础上对人心能有一共向的心灵提振可以说是难而又难的；但"致良知"则不同，此一词诚然是阳明先生所发扬光大的，但却没有那么复杂，也无须进行深问、无须进行世界各地整齐划一的理论建构，那种学究式"深入深出"——把简单的问题搞复杂最后自己也一头雾水的方式，不利于世界人心的重振。应予认为，我们不必着眼于世界各地、人人的"良知"是否还会有差别，我们只须全天下的人们在做各自事时能摸着良心问一问，只要人的心里有"良知"，哪怕是一点点反省的自觉，那就比什么都强，也就能进而在"良知"支点上达致"人心大同"。由"人心大同"再向"天下大同"迈进也就不愁没有路向了。当然，"人心大同"和"天下大同"仍然是"和而不同"。

总之，宇宙的生命与我们的生命在本质上为"一"，人的"神性"绝非仅以宗教的方式才能寄怀。须看到的是，信仰宗教多会有信了正教或信了邪教的不同，但崇仰宇宙则不会有这个宇宙或那个宇宙的区分，因为"宇宙"在很大程度上正是我们的"良知",需要人来扪心自问。同时,还须说的是,人的"神性"——无论是对崇高的追求抑或是对彼岸的希冀,其实都应基于一能使世道人心向上的伦理秩序,而不是完全黏滞于宗教的幻景中。因为通过上面所述不难看出,宗教中诚然有极精深的智慧哲思,但亦有形式上的不少遗憾,而"天下"也并不意味不崇高,"天上"也并不意味无丑恶,相反,许多历史上的教会迫害正是借着"天上"之名而行之于"天下"的。而在当前人们依然将"神性"单一寄予宗教的今天,为消除这种不同信仰群体的隔膜、为增进不同文化族群的理解,我们要在体认良知而崇敬宇宙的基础上,进一步认识到放下语汇名相的重要意义。"慈悲"不是佛家的"独有"、"博爱"亦非耶稣的"专言"、"良知"更不绝对联系"心学"。在人的"神性"寄怀上,只有放下种种名相之不同才能进入相安和睦之境界,才能使世道人心真正少些无谓的消耗,而在融合以上所言之"天上"与"天下"各自精华的基础上,立足"天下"而期许"天上",为人类构建出一人心共向的世界伦理秩序来。

第七章 慈悲

人的神性，除宗教那种对彼岸的向往外，更有意义的，就是在不黏滞于宗教那种对"神"的依赖基础上，向包含宗教心性在内的人类心灵的最高处进行攀爬。应该说，人的崇高是不应受宗教形式之绳所约束的，对此，以良知为中心、向慈悲而迈进，应作为人性至美处。

一、人间佛教的启示

首先须说的是，无论宗教是否会衰落乃至消亡，宗教所带给人的崇高的"善"都不应有毫损。当然，宗教在人类以真切的方法、确凿的证据找到宇宙第一原生力的那天前，也是不会消亡的。同时，虽然宗教在本质上是一种"权道"，但在此之中其仍有着超越"人道"的心地之美，是伦常道德所不能企及的。再加之如人死后有没有"灵魂"、有没有"永恒"等问题也只能死后才能得到答案，或至少是在临终的一刹那间才能得以知晓，因此人们对彼岸有向往可说是情理之中的。但是，即便如此，也须看到的一点是，对彼岸的向往理应不是人生第一位的态度，对人的崇高性而言，对于宗教所追求的"往生"等期许其实只须"随缘"即可，而对于能引致"往生"的心地品性则应切实予以追求。这也即是说，人可以不皈依"佛教"，但却应皈依"慈悲"；人可以不信仰"基督"，但却应与人以"爱"。因为品性构成不仅具有彼岸意义，还具有此岸意义。如果真有"真神"的存在，"人格"与"神格"在心地品性上也不会是相悖的。对此，人们有必要来认识佛家，特别是认识人间佛教的思想所给人们带来的启示。

在佛家的智慧中，放下了种种的分别和对立，"彼岸""此岸"都指"当下"，"时间""空间"本相皆"空"，让人们看到万象的本来面目在根底上其实都是"空"。对现象言，"凡所有相，皆是虚妄"，"有"的当下即是"无"；对时间言，"一念万年，直至无生"，"久"的本质即是"瞬"，人心都可在刹那间结束时空幻象而感悟本真"如如"。同时，无论何种外境也都离不开"聚、散、变、灭"之过程，在归结上仍归于"空"。所以，空有之间本来不二。而若再进一步言，"佛是烦恼，烦恼是佛""一念觉，众生即佛；一念迷，佛即众生""一念着境即烦恼，一念离境即菩提"。"愚痴"和"觉证"也可在"当下"转化，并不存在一全外于"烦恼"的"菩提"或全脱于"菩提"的"烦恼"，从而实现了"净土""极乐"的心灵构建。也就是净土的清净由此心正觉而在"内心"达致，极乐的清凉也因达观无我而在"此下"圆满，极乐不在远处，只在此下之心。而人们耳熟能详的"苦海无涯，回头是岸"，此一"回头"所指的也正是自己的心。所以，由此就不难看出佛法不重外境，而重内心，"自心即佛，外无一物而能建立"，乃至于"鸢飞鱼跃，化化生生"，一切愁苦哀怨之时，都可作为磨炼玉成之处，进而心悟真如，"流水相忘游鱼，游鱼相忘流水，即此便是天机；太空不碍浮云，浮云不碍太空，何处别有佛性？"能天际浮云任卷舒，内心清净无挂碍。

  对此，须看到的是，在这些智光慈照的佛家思想中所蕴含的一个很重要的方面是，正如净空法师所讲，要"重实质、不重形式"，要能做到对现象的不执着；同时也正如虚云法师所开示的："念佛即是观佛，观佛即是观心。"让人能对"心"以静观，看到我们的"心"本来就光明圆满、晶莹剔透，"月圆月缺犹存月，本来无暗复何明"。只是被愚痴所迷、被贪嗔所误，从而导致了妄想、分别、执着的层层不穷。而在"心"上最关键的就是让人看到"因有果，果有因，有因有果，结甚因得甚果；心即佛，佛即心，即心即佛，欲求佛先求心"，告诉人们要在"因"上和"心"上多下功夫，而不应本末倒置地在"果"上和"佛"上存有执着，实现一种心地品质的宗教"出离"。也就是注重"慈悲"等宗教语汇的"心"性，而不是其"神"性，不强调其"神格"指向，而凸显其"人格"意义，在"人"的方面开条路出来。为此，需要我们进一步来认识人间佛教的思想。

人间佛教，顾名思义，就是在佛法义谛的基础上，关注"此时此地"的现实人生，关注"自他不二"的现前社会，追求"当下清净"的人间净土。正如赵朴初老先生所讲"'人间佛教'是现实重于玄谈、大众重于个人、社会重于山林、利他重于自利"的佛教，也就是以百姓的寻常生活为依托、淡化宗教本有形式、直指佛法核心本怀的佛教。人间佛教不必绝对剃发修行、不必截然离俗出家，而是在将"在家能行，如东方人心善；在寺不修，如西方人心恶"这样重"心"的基础上，实现凡俗生活的慈悲行持。

人间佛教不背佛法奥义，正如《坛经》中讲："佛法在世间，不离世间觉，离世觅菩提，恰如求兔角。"佛家的"人间"思想，并不将佛法与世法对立，鼓励人们修行的日常化、生活化，而不是绝对的避世化、殊异化，所以也就缩短了由对宗教形式的执着所带来的对人心理上的间距，而让人们可以在不剃度、不出家、不全然禁欲的基础上，入光明的堂奥、悟慈悲的本心，以"出世"的襟期、做"利生"的事业，"若人欲见弥陀佛，但在寻常日用间"。

"闭门即是深山，读书随处净土"，把门关上即是自在山林、有书可读就是当下净土，此处的"山林"和"净土"都不是在外界寻得而是在内心达致的。佛家的"人间"思想即是让人们在"心"中体会"天堂""地狱"，指出外境由心而造、外境亦随心转，"凡人皆有心，有心必有念，天堂、地狱皆生于念"，认为一切生命情境都既可是"净土"也可是"地狱"。应该说，在这方面一个人们大都有的生活体验是，欢喜时，即使漫天风雪看起来也似乎是扬眉带笑的；而愁苦时，即便鲜花轻燕看起来也似乎是暗自凝愁的。同理，当人们因行善事而欢喜时，当下就是"天堂"；当人们因行恶事而贪恨时，立地即是"地狱"。"心能转物，即同如来""净土""地狱"，同生于心。

由此，在认识了这一思想之后，应思考的一个问题是，佛家的"人间"思想在今天的人心整建上能指引我们什么呢？人们能得到何种启示呢？一很重要的方面就是佛家的"重实质、不重形式"的思想能使我们在心地品质的传承上，以一种出离宗教形式、只重心性实质的态度而抛开宗教那种对神的"世界"的聚焦，而单去进行光明"存心"的聚力。也就是对有没有一属"神"的世界这样的问题，我们无须过多计虑、无须计较"死后"的恩怨利害，只须着眼"当下"的存心是非。正如前面所言，"良知"作为人类整体所应共向的心灵追求，对做到有"良知"的人而言，还有没有一在"良知"之上而又可成为人类整体的更崇高的心地品质呢？如果要在"良知"之上再确定一世界人心的崇高至美的"心地"的话，应以何处为目标呢？这才是我们探讨宗教心灵的核心关键所在，由此也引出我们对下一个问题的思考——人心至美的构建。

二、人心至美的构建

对于这一问题，需要说的是，如果要在"良知"的基础上再确立一能为世界人们所共向的心灵品质的话，那么最应为人们提倡的就应该是"慈悲"。"慈悲"理应是人类心灵崇高的最高处。当然，我们此处所言的"慈悲"诚然是指佛家无上悲悯的精神，但正如人间佛教的思想所启示的，我们在提倡慈悲的本怀时却不必决然以宗教的形式。这也就是说，佛家慈悲的本怀应推而广之，而宗教原有的形式可淡而化之，出离其形式看似是无有归处，而实际上则是四海为家的，"梦见说梦重重梦，家外忘家处处家"。更进一步来言，"良知"和"慈悲"都不是某国家、某学派或某宗教的思想，其更是全世界、全人类、全人心共有的脊梁，不是儒家同样应该"致良知"，不是僧人一样应有"慈悲心"。

可能会有一些咬文嚼字的学究冠冕堂皇地问："出离了佛家文化的母体，'慈悲'如何解释呢？如何得其思想的给养呢？"对此，需要说的是，出离不是背离，语词本以圆满，对于慈悲的理解，无论是非洲人还是美洲人，其都不可能解释为去作恶，都不可能脱离了他们语言中的"慈"和"悲"两个意思去理解。即便有些杂糅，那也没有大碍，因为"慈悲"一词是本自具足、本自圆满的，无论在我们汉语还是其他语系，对其的理解终会是"如众山之有主峰，如众流之汇于海"，都会指向一个慈祥和蔼、悲悯同情的路向上来。所以，出离宗教的形式，不会背离语词之本身，我们不必在意每个人对"慈悲"作什么样的理解，只要能在大方向上明确"慈悲"应有的指向就可以了。

那么，到底何谓"慈悲"呢？佛家《大智度论》中云："大慈与一切众生乐，大悲拔一切众生苦；大慈以喜乐因缘与众生，大悲以离苦因缘与众生。"简单来言，"慈"即是关爱护念众生，"悲"是解除众生之苦。而尤须看到的一点是，"慈"从"悲"来，"悲"为核心，甚至可以说，在很大程度上，"悲"即为"慈"。为什么呢？"慈"的意思是不难理解的，而"悲"是什么呢？"悲"，在更本质的意义上言就是一种大怜悯、大同情与大无我之心。同情无涯际、悲悯到极致，是最真切的"不忍众生苦"。

而还须看到的是，为什么"慈悲"可作为提振人心的所在，而不是其他的如"博爱""宽恕"等品质呢？其他这些善念诚然也很重要，但应该看到，和"慈悲"不同，其他心地是慈悲的"所生"，慈悲是其他心性的"缘生"。有慈悲就必会有博爱和宽恕等，但有博爱和宽恕等却未必能慈悲。至于其他存心，则亦复如是。而至于"善"呢，慈悲诚然也是"善"，但"善"的词涵太大了。世人谁人不知"善"比"恶"要更高尚？但词涵的宽泛，导致了语力的泛化，不能攥紧拳头、集中发力，对世界人心言缺少一种具体的指向力，难免流于空言。因此，在很大程度上，只有"良知"和"慈悲"才能担负起重振人心的重任。

再进一步言，慈悲，不是离人很远的、遥不可及的境地，不是不发脾气了、没有私欲的境界，它只是在日常琐事里、寻常生活中，在自觉良知的基础上，有一种对众生充满惭愧和自责的善。如果说"良知"是一种临事自责、是人心中的"山水"的话，那么"慈悲"则是对众生时时感悲悯、处处有惭愧的心之高峰。地藏王菩萨那"地狱不空，誓不成佛；众生度尽，方证菩提"的悲悯大愿正是慈悲精神的真实写照。

话说回来，因为"慈悲"的宏大，在当前社会可能会被人们觉得不切实际，由此需要一个进入此境的入手处。这个入手处是什么呢？正应是良知。由良知先进入佳境，由佳境再向上攀援，慢慢就能契入人类心灵的至美处。需要看到的是，一切文化的奥旨在本质上都旨在唤醒人们反思的自觉。我们以良知为出发，对心灵深度不断拓展，当打通到最深的心底后，如果有彼岸世界的话，我相信这最深的心底就是通过彼岸的大门。人心的山水之景和宗教的彼岸世界会是合一的，良知和慈悲都是我们人心美景中的山水灵韵。以良知为出发，向慈悲而迈进，人心光明的圣洁气韵尽在此中。

结语：人性会好吗

综括全书，人，在很大程度上是兽性、人性和神性共有的存在，人的欲望、理智和崇高因此也往往共存于一体，妄图将几者割裂的想法大多是不实际的。但随着对以往侵略暴行的曝光和对现前人欲泛滥的思考，似乎在人的本性中更多的是由兽性主导的欲望，而不是由理性主导的人性和由崇高所引的神性。

一

其实，也正如自己所一直认为的，那些动物们在一定意义上要比人类"高尚"得多，因为对动物的行为是不能以世间的道德去评判的。而"物竞天择，适者生存"这句话看似有理，也其实不然。因为狮子捕食，但它未必有坑害之心，未必有残忍之心，其更多的是出于自身本能的反应而谋取最低限度的生活，其他自然界中动物间的竞争等亦是如此。对此，我们不能进行过多的"人为赋予"，认为其是丛林法则、物竞天择。应该说，动物们都有一颗"无争"之心，我们不能以其捕杀了弱者就认为其残忍。动物至少不像人类，为了过度的口腹之欲而杀生、为了无止的金钱利益而杀生，甚或仅仅是为一时所好、变态开心，就以极其残忍的手法凌虐那些本无辜的动物。可以说，其他动物都只是为了生存而捕食，不会为了"贪求"而杀生，不会为了好吃而活剥动物皮、去活着油炸和烹饪等，或仅为了取其牙就任意地捕杀妄为。总之，动物们不会像人类这般残忍地对待世间的生灵。对此，我们不禁要问：人性会好吗？人性会好吗！

二

苏东坡是活菩萨，他在登州只担任了5天知县，就在这短短5天时间里废止了盘剥百姓的盐政，成就了"五日登州府，千年苏公祠"的佳话，他的君子维范不是一般人所能企及的。但在当时朝廷的斗争中,苏东坡被人坑害,被捕下狱。在狱中,他被那些毫无信义廉耻、只会逢迎巴结的狱卒们欺辱,面对狱卒在上级暗示下的百般欺辱,他像余秋雨先生所写的那样,"温和柔雅如林间清风、深谷白云的大文豪,面对这彻底陌生的语言系统和行为系统,不可能作任何像样的辩驳,他一定变得非常笨拙,无法调动起码的言辞,无法完成简单的逻辑。他在牢房里的应对,绝对比不过一个普通的盗贼。"[1]应该说,在历史上,小人对君子的坑陷、歹人对良人的迫害,实在是不少的,黑白颠倒的正义缺失酿成了太多沉冤于海的世间惨案。对此,我们不禁要问:人性会好吗?人性会好吗!

三

既然有问,就须有答,我想人性是会更好的。

我想人性是会更好的,即使是当年犯下滔天巨罪的日本鬼子复活了,我相信通过文化、教育对其内心的洗涤是可以唤醒

---

[1] 余秋雨.《文化苦旅》,长江文艺出版社,2014年版,第109页。

他们的良知的。从而使那些在他们蹂躏下的中国百姓的悲惨号啕不再是因语言上听不懂、所以内心无所动的没有意义的嘈杂之声,而变成刺激他们神经、促使他们抱愧的震耳欲聋的对其人性的质问!

我相信人性会更好,这需要我们不甘当旁观者,不要认为倒卖象牙的丑行因为自己没有买就与自己无关,也不要觉得日本捕鲸的恶行因为自己没有吃就与己无关。旁观心态正是罪恶助缘,即便这类的行径距离我们很远,但至少我们可以去呐喊、去呼吁、去指责,从而凝成一股浩然正气的力量去挞伐那些见不得光的罪恶,这是我们理应去做的。

同时,我相信人性会更好,这还需要我们脚踏实地地践行。不要先盲目标榜什么过高的彼岸世界,因为那种过于高远的境界会让不少人都止步不前。看到人的"兽性"是为警醒人的"人性",而充实人的"人性"是为唤醒人的"神性"。为此,一切实可行的"入手处"即是"良知",而一心诚可致的"休歇处"即是"慈悲"。至于再崇高的所在,我想我们不必论了,因为良知即是"永恒"、慈悲即是"圆满",在圆满之中还妄求圆满,这不是一合理的态度。诚然,一些古往今来的大修行人,在慈悲之上还能有所建树,但对此我们也不必歆羡,因为有了"良知"

和"慈悲",人生就能如"活水"那般,"永恒""此刻"地沛然前去。

最后,还须说的一点是,"良知"和"慈悲"都不是不允许人有合理的欲望、独立的思想等。如果"慈悲"对多数人来言还有些高远的话,那么我们当前最切近的就是"良知"。而"良知"就是在道理、事理和情理之心下进行的一种自我反省的自觉。这点自觉正是人性中的光,希望我们人性中都能有致良知的星光在,正像陈寅恪先生在纪念王国维先生时所说的:"先生之著述或有时而不彰,先生之学说或有时而可商,唯此独立之精神、自由之思想,与天壤而同久,共三光而永光。"[1]以良知为出发,向慈悲而迈进,人性就会变得更好。

陈光

2016年5月27日于北京天通苑

---

[1] 这里的"三光"绝不是指侵华日军的"杀光、烧光和抢光",在我们中国文化中,其是指日、月、星,也就是《三字经》中所讲的:"三才者,天地人;三光者,日月星。"

作者其他著作

1. 2010月8月20日于《光明日报》(国是版)发表《社会发展的人文养分》文章;

2. 2011年12月于《中国法学》(英文版)发表学术文章《论梁启超对中国法治思想的贡献》;

3. 2012年9月于台海出版社出版《文化的精神力量——我的读书笔记》一书;

4. 2015年7月于《人民公仆》刊物发表《大音希声邓稼先》文章;

5. 2015年9月于《人民公仆》刊物发表《国歌与国魂:义勇军进行曲的力量》一文。

图书在版编目（CIP）数据

人的哲学镜像 / 陈光著. — 北京：北京联合出版公司，2017.3

ISBN 978-7-5502-9671-8

Ⅰ.①人… Ⅱ.①陈… Ⅲ.①人生哲学—通俗读物 Ⅳ.① B821-49

中国版本图书馆CIP数据核字（2017）第018353号

人的哲学镜像

作　者：陈　光
责任编辑：崔保华
装帧设计：任尚洁

北京联合出版公司出版
（北京市西城区德外大街83号楼9层　100088）
北京联合天畅发行公司发行
北京旭丰源印刷技术有限公司印刷　新华书店经销
字数：124千字　880mm×1230mm　1/32　印张：7.5
2017年3月第1版　2017年3月第1次印刷
ISBN 978-7-5502-9671-8
定价：45.00元

未经许可，不得以任何方式复制或抄袭本书部分或全部内容
版权所有，侵权必究
如发现图书质量问题，可联系调换。质量投诉电话：010-68210805/64243832